高等院校技能应用型教材·计算机应用系列

大学计算机
——数据思维与编程素养

杨　柽　张寒云　主　编

赵艳芳　胡顺仿　副主编

佘玉梅　王　新　主　审

电子工业出版社

Publishing House of Electronics Industry

北京·BEIJING

内 容 简 介

本书根据教育部高等学校大学计算机课程教学指导委员会编制的《大学计算机基础课程教学基本要求》编写，符合"大学计算机基础教学课程体系"的设置要求。本书共分为三篇，基础知识篇、应用基础篇、数据处理篇。基础知识篇包括计算机基础知识、计算机网络与安全、数据思维等内容；应用基础篇包括 Word 文字处理、Excel 电子表格、PowerPoint 演示文稿；数据处理篇包括 Python 语言程序设计、Python 数据分析与可视化。本书内容层次清晰、深入浅出、实例丰富，既注重知识的系统性，又注重实践与应用能力的培养。通过本书的学习，读者能基本掌握计算机基础知识、技术与方法，初步获得利用计算机解决本专业领域问题的能力，在一定程度上提高计算机与编程技术方面的能力和素质。

本书可作为高等院校各专业的计算机基础课程的教材，还可作为计算机培训的教材和自学参考书。

图书在版编目（CIP）数据

大学计算机：数据思维与编程素养 / 杨桎，张寒云主编. —北京：电子工业出版社，2021.8
ISBN 978-7-121-24913-6

Ⅰ.① 大… Ⅱ. ①杨… ②张… Ⅲ.①电子计算机-高等学校-教材 Ⅳ.① TP3

中国版本图书馆 CIP 数据核字（2021）第 178071 号

责任编辑：薛华强
印　　刷：大厂聚鑫印刷有限责任公司
装　　订：大厂聚鑫印刷有限责任公司
出版发行：电子工业出版社
　　　　　北京市海淀区万寿路 173 信箱　　邮编 100036
开　　本：787×1092　1/16　　　印张：15　　　字数：433.4 千字
版　　次：2021 年 8 月第 1 版
印　　次：2022 年 8 月第 2 次印刷
定　　价：49.80 元

凡所购买电子工业出版社图书有缺损问题，请向购买书店调换。若书店售缺，请与本社发行部联系，联系及邮购电话：（010）88254888，88258888。

质量投诉请发邮件至 zlts@phei.com.cn，盗版侵权举报请发邮件至 dbqq@phei.com.cn。

本书咨询联系方式：（010）88254569，xuehq@phei.com.cn。

前　言

Preface

　　本书是一本计算机基础知识和基础应用的入门书籍。本书的编者认为，计算机及 IT 技术发展迅速、应用广泛，有关计算机基础知识的学习应该与时代特征相结合，而在计算机的基础应用方面，也不能让读者只停留在日常打字，应该引导读者对基本的编程知识、编程技能有所认识。

　　本书编者都是多年讲授"大学计算机"这门课程及程序设计等计算机课程的一线高校教师，一直想编写一本既适合大部分学生学情、方便教师教学，又能与时俱进的计算机入门书籍。经过一段时间的酝酿与思考，最终决定以数据思维和编程素养为切入点编写教材。本书以大数据时代为背景组织内容，在向学生介绍计算机系统、计算机网络、常用基础应用软件的同时，引导学生注意关注数据的价值，注意了解、学习数据分析处理的一般流程与技术，并在理论与实践中逐步建立数据思维。

　　全书共 8 章，分为三篇。第一篇包括第 1～3 章，介绍计算机系统、计算机网络、大数据时代和数据思维的相关概念，是全书的基础知识篇；第二篇包括第 4～6 章，介绍文字处理、电子表格与演示文稿的使用，是全书的应用基础篇；第三篇包括第 7～8 章，介绍 Python 编程基础和 Python 在数据分析方面的应用，是全书的数据处理篇。

　　读者使用本书进行学习时，请注意两条主线：第一条，计算机与网络的基础理论知识与计算机基础应用软件使用的结合，用理论指导实践，并通过实践加深体会；第二条，数据思维的相关理论与数据分析实践的相互呼应，即在本书第 3 章中介绍了数据分析的基本流程，在第 8 章中就设置依此流程进行数据分析的实例。还有一条暗线埋在数据分析这部分内容中，即本书在第 5 章中从数据分析的角度重新解构了 Excel 软件，突出它作为成熟数据分析平台的一面，读者在学习时可以和用 Python 编程实现数据分析的方法进行比较，通过比较，读者可以了解目前数据分析工具的全貌，并选择更适合自身情况的分析工具，以便后续深入学习。

　　本书可作为高等院校各专业的计算机基础课程的教材，也可作为其他普通读者及社会人士学习计算机基础知识和基础技能的入门书籍。本书的特色在于：除提供各种丰富的小实例外，重点章节还配有完整的大实例或练习题，使读者能对相关技术、处理流程留有完整的印象，从而实现由小见大、由简单到复杂的进阶目标，也起到抛砖引玉的作用。

本书由杨柽、张寒云担任主编，赵艳芳、胡顺仿担任副主编。本书的出版有赖于多方共同努力，在此我们一致感谢在本书编写过程中熊良林教授的敦促、编辑老师的策划、多位同行好友的建议、家人们的支持；感谢佘玉梅、王新教授在审稿过程中给出的中肯的意见。

由于编者水平有限，书中难免疏漏与不足，恳请读者批评指正。

编 者

2021 年 5 月

目 录

Contents

基础知识篇

应用基础篇

数据处理篇

基础知识篇

　　本篇介绍了计算机系统、计算机网络、数据思维的基本概念和基础知识，本章所介绍的内容是读者进一步学习后续章节的理论基础和知识框架。

　　本篇包括三个章节。

　　第1章　计算机基础知识。本章介绍了计算机的发展历程及发展趋势、计算机系统及工作原理、计算机中数据的表示与存储。

　　第2章　计算机网络与安全。本章首先介绍了计算机网络的基础知识，包括网络的组成、分类、拓扑结构和体系结构；Internet的基本概念，包括IP地址、域名及Internet应用。然后介绍网络安全的基本概念，包括为保障网络安全设置的密码体制和密钥分配方法、网络中数字签名和鉴别的方法、常见的保证互联网安全的安全协议、防火墙和入侵检测等。随着量子计算的研究，现有的密码体制受到了威胁，本章还简要介绍了为保证后量子时代的安全，目前网络安全领域的研究成果。

　　第3章　数据思维。本章介绍了数据思维的产生，以及数据分析流程及相关技术。

第1章　计算机基础知识

1.1　计算机概述

计算机是一种是能够按照程序运行，自动、高速处理海量数据的现代化智能电子设备。计算机既可以进行数值运算，又可以进行逻辑运算，还具有存储记忆功能。计算机由硬件系统和软件系统组成，没有安装任何软件的计算机被称为裸机。计算机可分为超级计算机、工业控制计算机、网络计算机、个人计算机、嵌入式计算机五类。较先进的计算机有生物计算机、光子计算机、量子计算机等。

1.1.1　计算机的发展历程

1. 世界上第一台电子数字计算机

ENIAC（Electronic Numerical Integrator And Calculator，电子数字计算机）于1946年2月诞生于美国宾夕法尼亚大学，如图1-1所示。它重达30吨，占地170平方米，功率150千瓦，拥有18000个电子管。其运算速度为每秒进行5000次加法运算。该计算机的主要用途为计算火炮弹道。

2. 计算机的发展历程

计算机的发展至今经历了四个时代，通常依据计算机内部的电子元器件的差异，将计算机的

图1-1　世界上第一台电子数字计算机

发展历程划分为电子管计算机时代、晶体管计算机时代、中小规模集成电路计算机时代和超大规模集成电路计算机时代，如表1-1所示。现在，计算机正向着第五代发展。

表1-1　计算机的发展历程

时代	年份	元器件	软件	应用
一	1946—1954	电子管	机器语言、汇编语言	科学计算
二	1955—1964	晶体管	高级语言	数据处理、工业控制
三	1965—1971	中小规模集成电路	操作系统	文字处理、图形处理
四	1971年至今	超大规模集成电路	数据库、网络	社会的各个领域

1.1.2　计算机的分类

1. 按性能分类

按性能分类是最常规的计算机分类方法，所依据的性能主要包括：存储容量，运算速度，计算机价格，允许同时使用一台计算机的用户数量等。

（1）巨型计算机（Supercomputer）。巨型计算机功能最强、速度最快。巨型计算机主要用来承担重大的科学研究、国防尖端技术和国民经济领域的大型计算课题及数据处理任务，如大范围预报天气、整理卫星照片、研究洲际导弹和宇宙飞船等。再比如，制定国民经济的发展计划时，项目繁多，时间性强，要综合考虑各种各样的因素，依靠巨型计算机能顺利地完成任务。巨型计算机的运算速度为每秒 1000 万次以上，存储容量在 1000 万位以上。例如，我国研制成功的"银河"系列计算机，就属于巨型计算机。目前"银河"系列计算机是我国运算速度最快、存储容量最大、功能最强的电子计算机。1983 年，"银河"系列计算机运算速度达到每秒上亿次；1993 年，"银河-II 型"计算机研制成功；1997年，"银河-III 型"百亿次巨型计算机研制成功。

巨型计算机的发展是电子计算机的一个重要发展方向。它的研制水平标志着一个国家的科学技术和工业的发展程度，体现着国家经济的发展实力。

（2）大型计算机（Mainframe computer）。大型计算机主要用来处理大容量数据，可作为大型商业服务器。大型计算机搭载了大型事务处理系统，其应用软件的成本通常是硬件成本的好几倍。

（3）小型计算机（Minicomputer）。相对于大型计算机，小型计算机的软件系统和硬件系统规模比较小，但价格低、可靠性高、操作灵活方便，便于维护和使用。

（4）微型计算机（Microcomputer）。微型计算机也叫个人计算机（PC，Personal Computer）。微型计算机简称"微型机"或"微机"，由于具备人脑的某些功能，所以也称其为"微电脑"。微型计算机是由大规模集成电路组成的、体积较小的电子计算机。

（5）工作站（Workstation）。工作站是一种高端的通用微型计算机。它可以供单用户使用，并提供了比个人计算机更强大的性能，尤其是在图形处理、任务并行等方面。工作站通常配有高分辨率的大屏、多屏显示器及容量很大的内存储器和外存储器，它是具有极强的信息、图形、图像处理能力的计算机。

另外，连接到服务器的终端机也被称为工作站。工作站的应用领域有：科学和工程计算、软件开发、计算机辅助分析、计算机辅助制造、工程设计和应用、图形和图像处理、过程控制和信息管理等。

2. 按使用范围分类

（1）通用计算机。通用计算机是指各行业、各种工作环境都能使用的计算机。学校、家庭、工厂、医院、公司等用户都能使用的计算机就是通用计算机；平时自己购买的品牌机、兼容机也属于通用计算机。

通用计算机不但能办公，还能实现图形设计、制作网页动画、上网查询资料等操作。通常所说的计算机大多指通用计算机。

（2）专用计算机。专用计算机是为解决某一特定问题而设计制造的电子计算机，如控制轧钢过程的轧钢控制计算机、计算导弹弹道的专用计算机等。专用计算机的运算速度快、可靠性高，且结构简单、价格便宜。

1.1.3　计算机的特点

1. 运算速度快

运算速度是计算机的一个重要性能指标。计算机的运算速度通常用每秒执行定点加法的次数或平均每秒执行指令的条数来衡量。运算速度快是计算机的一个突出特点。计算机的运算速度已由早期的每秒几千次（如 ENIAC 每秒仅可完成 5000 次定点加法）发展到现在的最高可达每秒几千亿次乃至万亿次。

2. 计算精度高

利用计算机可以获得较高的有效位。例如，利用计算机计算圆周率，目前可以算到小数点后上亿位。

3. 具有逻辑判断能力

由于采用二进制，计算机能够进行各种基本的逻辑判断，并且根据判断的结果自动决定下一步该做什么，有了这种能力，计算机才能求解各种复杂的计算问题，进行各种过程控制，完成各类数据处理任务。

4. 存储容量大

计算机的存储器可以存储大量数据，使计算机具有了"记忆"功能。目前计算机的存储容量越来越大，已高达千兆数量级。

5. 自动化程度高，通用性强

由于计算机的工作方式是将程序和数据先存储在机器内，工作时按程序规定的操作，一步一步地自动完成，一般无须人工干预，所以计算机的自动化程度高。

1.1.4　计算机的应用

1. 科学计算

早期的计算机主要用于科学计算。如今，科学计算仍然是计算机应用的一个重要领域，如工程设计、地震预测、气象预报、航天技术等。由于计算机的运算速度快、计算精度高，并具有逻辑判断能力，所以出现了计算力学、计算物理、计算化学、生物控制论等新兴学科。

2. 过程检测

利用计算机对工业生产过程中的某些信号进行自动检测，并把检测到的数据存入计算机中，再根据需要对这些数据进行处理，这样的系统被称为计算机检测系统。

3. 信息管理

信息管理是计算机应用最广泛的一个领域。利用计算机来加工、管理与操作各种形式的数据资料，如企业管理、物资管理、报表统计、账目计算、信息情报检索等。近年来，国内许多机构在陆续建设自己的信息管理系统（MIS），商业流通领域则逐步使用电子信息交换系统（EDI），即所谓的无纸贸易。

4. 辅助系统

辅助系统主要包括计算机辅助设计（CAD）、辅助制造（CAM）、辅助测试（CAT）、辅助教学（CAI）。使用计算机辅助可以进行工程设计、产品制造、性能测试、辅助教学等。

5. 人工智能

人工智能可用于开发一些智能化的应用系统，用计算机来模拟人的思维判断、推理等智能活动，使计算机具有自适应学习和逻辑推理的功能，如计算机推理系统、智能学习系统、专家系统、机器人系统等，帮助人们学习和完成某些推理工作。

1.1.5　计算机的发展趋势

1. 巨型化

巨型化是指计算机的运算速度更快、存储容量更大、功能更强。目前正在研制的巨型计算机其运算速度可达每秒百亿次。

2. 微型化

微型计算机已进入仪器、仪表、家用电器等小型设备中，同时也作为工业控制过程的心脏，使设备实现"智能化"。随着微电子技术的进一步发展，笔记本型、掌上型等微型计算机必将以更优的性价比受到人们的欢迎。

3. 网络化

随着计算机应用的深入，特别是家用计算机的普及，一方面要解决众多用户能共享信息资源的问题，另一方面要解决各计算机之间能互相传递信息的问题。

计算机网络是现代通信技术与计算机技术相结合的产物。计算机网络已在现代企业的管理中发挥着越来越重要的作用，如银行系统、商业系统、交通运输系统等。

4. 智能化

人工智能的研究是建立在现代科学基础之上的。智能化是计算机发展的一个重要方向，新一代计算机将能够模拟人的感觉行为和思维过程，进行"看""听""说""想""做"，具有逻辑推理、学习与证明的能力。

1.2　计算机系统及工作原理

一个完整的计算机系统由硬件系统和软件系统组成。硬件是计算机的物质基础，是借助电、磁、光、机械等原理构成的各种物理部件的组合，是系统赖以工作的实体。没有硬件就不能被称为计算机。软件是指各种程序和文件，是计算机系统的灵魂，用于指挥整个计算机系统按指定的要求进行工作。

1.2.1　计算机硬件系统

计算机的基本结构遵循冯·诺依曼体系结构，即计算机由运算器、控制器、存储器、输入设备和输出设备组成。

1. 中央处理器（CPU）

CPU（Central Processing Unit，中央处理器）是计算机的运算核心和控制核心，由运算器和控制器组成，如图1-2所示。

图1-2　CPU 芯片

（1）运算器。运算器又被称为算术逻辑单元（ALU, Arithmetic Logic Unit）。运算器的主要任务是执行各种算术运算和逻辑运算。算术运算是指各种数值运算，如加、减、乘、除等。逻辑运算是进行逻辑判断的非数值运算，如与、或、非、比较、移位等。计算机所完成的全部运算都是在运算器中进行的，根据指令规定的寻址方式，运算器从存储器或寄存器中取得操作数，进行计算后，送回指令所指定的寄存器中。运算器的核心部件是加法器和若干寄存器，加法器用于运算，寄存器用于存储参加运算的各种数据及运算后的结果。

（2）控制器。控制器是对输入的指令进行分析，并统一控制计算机的各部件完成一定任务的部件。它一般由指令寄存器、状态寄存器、指令译码器、时序电路和控制电路组成。计算机的工作方式是执行程序，程序就是为完成某一任务所编制的特定指令序列，各种指令按一定的时间关系有序安排，控制器产生各种最基本的不可再分的微操作的命令信号，即微命令，以指挥计算机有条不紊地工作。

简言之，控制器就是协调指挥计算机各部件工作的部件，它的基本任务就是按照计算程序所排的指令序列产生相应的微命令。

计算机中的所有操作都由 CPU 负责读取指令，对指令译码并执行指令。

（3）CPU 有三个性能指标。

①时钟频率（主频）。CPU 运算时的工作频率，单位是 Hz（赫兹），主频越快，CPU 每秒所执行的指令就越多。

②字长。字长反映的是运算器能并行处理的二进制代码位数，其值越大，运算精度越高，运算速度越快。

③高速缓存。高速缓存是一种特殊的高速存储器，可以使 CPU 快速访问数据，在其他条件相同的情况下，高速缓存越大，CPU 速度越快。

2. 存储器

存储器（Memory）是计算机系统中的记忆设备，用来存放程序和数据，分为外储存器和内储存器两种。

（1）内存储器。内存储器又被称为内部存储器或主存储器，直接与 CPU 相连，用来存储计算机运行中的程序和各种数据。主存储器由超大规模集成电路组成，存取速度快，但容量较小。内部存储器包括 RAM（随机存储器）和 ROM（只读存储器）。

①RAM（Random Access Memory，随机存取存储器，俗称"内存条"）。系统可以从RAM中读取信息，也可向RAM中写入信息。开机之前RAM中没有信息，开机后操作系统对其进行管理，关机后其中的信息都将消失。RAM中的信息可随时根据需要而改变。内存条如图1-3所示。

图1-3　内存条

②ROM（Read Only Memory，只读存储器）。系统只可从ROM中读取信息，不可写入信息，在开机之前ROM中已经存有信息，关机后其中的信息不会消失。

③Cache（高速缓冲存储器）。高速缓冲存储器是一种特殊的高速存储介质。启动程序后计算机将常用的指令和数据放入缓存，这样当CPU需要指令或数据时，首先在缓存中查找，无须访问内存，提高了处理速度。

④闪烁存储器。闪烁存储器，又被称为闪存。这是一种新型的存储设备，可反复存储和擦除，具有体积小、功耗低、不易受物理破坏的优点，断电后数据也不会丢失，是一种理想的移动存储介质。

⑤CMOS存储器。CMOS（Complementary Metal Oxide Semiconductor，互补金属氧化物半导体）存储器存储的信息无须频繁变化，当要调整参数配置时才会修改存储的信息。CMOS存储器用锂电池供电，关机后信息不会丢失。

（2）外存储器。外存储器又被称为辅助存储器（简称外存或辅存）。其容量相对较大，一般用来存放要长期保存或暂时不用的各种程序和信息。辅存容量大，能长期可靠地保存信息，存取方便。当计算机执行程序和处理数据时，辅存中的信息要先传送到主存后才能被CPU使用。目前，微机中常用的辅存有硬盘、移动硬盘、U盘和光盘，如图1-4所示。

硬盘　　　　移动硬盘　　　　U盘　　　　光盘

图1-4　常用外存储器

硬盘是计算机中广泛使用的外部存储设备，具有比软盘大得多的存储容量和快得多的存取速度等优点。硬盘的存储介质是若干铝制或玻璃制的碟片。

3. 输入/输出设备

输入/输出设备是计算机系统不可缺少的组成部分，是计算机与外界进行信息交换的中介，是人与计算机联系的桥梁。

（1）输入设备。输入设备是用来向计算机输入数据和信息的设备。其主要作用是把人们可读的信息（命令、程序、数据、文本、图形、图像、音频和视频等）转换为计算机能识别的二进制代码输入计算机，供计算机处理。输入设备是人与计算机系统之间进行信息交换的主要设备之一。例如，用键盘输入信息时，敲击它的每个按键都能产生相应的电信号，再由电路板转换成相应的二进制代码送入计算机。

目前常用的输入设备有键盘、鼠标、触摸屏、扫描仪、手写输入板、游戏杆等。

①键盘。键盘也经历了一系列变化，从早期的机械式键盘到现在的电容式键盘；从83键键盘到101（104）键键盘再到现在的108键键盘、人体工程学键盘。键盘一般分为5个区，分别为字母键区（也叫主键盘区）、数字键区、功能键区、控制键区、状态指示区，如图1-5所示。

图1-5　键盘分区

键盘接口可以分为两种，即 USB 接口和 PS/2 接口。

学会打字，掌握正确且快速的打字方法，是使用计算机的基本功。掌握标准指法有利于快速盲打，而不用一直看着键盘打字。如图1-6所示为一个有指法分区的键盘图。

图1-6　键盘指法分区

②鼠标。鼠标按其结构分可分为机械式、半光电式、光电式、轨迹球式、网鼠等，人们日常用得最多的鼠标为机械式鼠标和光电式鼠标。

鼠标的接口有三种，即串口（AT 口）、PS/2 口和 USB 口。如图1-7所示为光电式鼠标。

图1-7　光电式鼠标

（2）输出设备。输出设备的主要功能是将计算机处理后的各种信息转换为人们能够识别的形式（如文字、图形、图像和声音等）表达出来。例如，在纸上打印出印刷符号，或者在屏幕上显示字符、图形等。输出设备是人与计算机交互的部件。

常用的输出设备有显示器、打印机、绘图仪等。

①显示器也被称为监视器，是最常用的一种输出设备，可以将文字、图形和视频信息呈现在屏幕上，主要有阴极射线管（CRT）显示器、液晶（LCD）显示器、等离子（PD）显示器等。

②打印机（Printer）（见图1-8）是计算机的输出设备之一，用于将计算机的处理结果打印在相关介质上。按工作方式可分为针式打印机、喷墨式打印机、激光打印机等。针式打印机通过打印机和纸张的物理接触来打印字符和图形，而后两种是通过喷射墨粉来印刷字符和图形的。

针式打印机　　　　　　　激光打印机　　　　　　　喷墨打印机

图1-8　打印机

4. 其他外部设备

（1）主板。主板（见图1-9）也被称为主机板、系统板和母板。按其结构分为 AT、ATX 和 BTX，按其大小分为标准板、Baby 板、Micro 板等几种。主板是计算机的调度中心，它负责协调各部分之间的工作。

图1-9　主板

（2）主板的组成。

①中央处理器插座。中央处理器插座即 CPU 插座（见图1-10），用来安装 CPU。不同的 CPU 要搭配不同的主板，主板的设计和生产应跟着CPU变动。

②芯片部分。

·BIOS 芯片。BIOS 芯片用于存储基本输入输出系统程序。

图1-10 CPU 插座

·南、北桥芯片。北桥芯片主要负责 CPU、内存、显卡三者之间的数据传输。南桥芯片则负责硬盘等存储设备和 PCI 之间的数据传输。南桥芯片和北桥芯片合称芯片组，芯片组在很大程度上决定了主板的功能和性能。

③插槽部分。

·内存插槽。内存插槽用来安装内存条的插座，主板所支持的内存种类和容量都是由内存插槽来决定的。常见的内存插槽有 SIMM、DIMM 和 RIMM 3 种。

·总线扩展插槽。总线扩展插槽是 CPU 通过系统总线与外部设备连接的通道，可将各种扩展接口卡插在扩展插槽中，如显卡、网卡、声卡等。

④对外接口部分，如图1-11 所示。

·硬盘接口。硬盘接口可分为 IDE 接口和 SATA 接口。

·PS/2 接口。PS/2 接口是键盘、鼠标的专用接口，是 ATX 主板上的标准接口。鼠标接口是浅绿色，键盘接口是紫色，不能混插。

·USB 接口。通用串行总线（Universal Serial Bus，缩写 USB）是一种串口总线标准，也是一种输入输出接口的技术规范，被广泛地应用于个人计算机和移动设备等信息通信产品中，并扩展至摄影器材、数字电视（机顶盒）、游戏机等其他相关设备。最新一代的 USB 接口是 USB4.0，传输速度为40Gbit/s，使用方便、支持热插拔、连接灵活。

·LPT 接口（并口）。LPT 接口一般用来连接打印机或扫描仪。

图1-11 主板对外接口

⑤机箱与电源。好的机箱既美观，又有良好的散热性、坚固性、易用性等，而没有稳定电源的机器是难以保证稳定运行的。

现在的机箱（见图1-12）和电源基本都是 ATX 结构的，AT 结构的机箱与电源已被淘汰。

⑥光驱。光驱（见图1-13）曾经是计算机中比较常见的部件，但随着U盘等移动存储设备的发展，光驱使用的机会也比较少了，一般在安装操作系统和备份数据的时候才会使用。

图1-12　机箱　　　　　　　　　　　　　图1-13　光驱

1.2.2　计算机软件系统

计算机软件是计算机上使用的程序、供程序使用的数据及相关文档资料的集合。

1. 系统软件

系统软件包括操作系统类、语言处理程序类和数据库管理系统类。

（1）操作系统是用于直接控制和管理计算机系统基本资源，方便用户充分而有效地使用计算机资源的程序集合。操作系统是系统软件的核心和基础。

操作系统的功能包括：

①负责组织和管理整个计算机的软、硬件资源。

②协调系统各部分之间、系统与用户之间、用户与用户之间的关系。

③为系统用户提供一个良好、方便的软件开发和运行环境。

（2）计算机能识别的语言与机器能直接执行的语言不一致。计算机能识别的语言很多，如汇编语言、Basic语言、Fortran语言、Pascal语言与 C 语言等，它们各自都规定了一套基本符号和语法规则。使用这些语言编制的程序被称为源程序。

用"0"或"1"的机器代码按一定规则组成的语言，被称为机器语言。用机器语言编制的程序，被称为目标程序。语言处理程序的任务就是将源程序翻译成目标程序。

（3）数据库管理系统有组织地、动态地存储大量数据，使人们能方便、高效地使用这些数据。数据库管理系统是一种操纵和管理数据库的大型软件，用于建立、使用和维护数据库。数据库管理系统有多种类型，如 Access、Oracle、SQL Server 等。

2. 应用软件

应用软件是指为解决某类实际问题而开发的应用程序或用户程序。如图1-14所示为部分常用的应用软件。

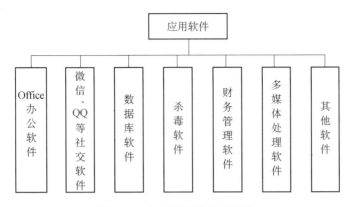

图1-14　部分常用的应用软件

1.2.3　计算机的工作原理

"存储程序控制"原理是美籍匈牙利科学家冯•诺依曼（J.Von Neumann）（见图 1-15）于 1946 年提出的，所以该原理又被称为"冯•诺依曼原理"。该原理确立了现代计算机的基本组成和工作方式。

图1-15　冯•诺依曼

计算机的工作原理的基本内容：

（1）采用二进制形式表示数据和指令。

（2）将程序（数据和指令序列）预先存放在主存储器中（程序存储），使计算机在工作时能够自动高速地从存储器中取出指令，并加以执行（程序控制）。

（3）由运算器、控制器、存储器、输入设备、输出设备五大基本部件组成计算机硬件体系结构。

1.3　计算机中数据的表示与存储

计算机中数据的表示分内部表示和外部显示。

（1）内部表示。内部表示指计算机能识别的数据形式仅仅是"0"和"1"的组合，即二进制序列。

（2）外部显示。外部显示指人们能够看得懂的数值型、字符型、声音、动画、图像、音频、视频等。

1.3.1　数制及数制转换

1. 数制的基本概念

数制是一种计数的方法，是指用一组固定的符号和统一的规则来表示数值的方法。例如，在计数的过程中采用进位的方法被称为进位计数制。进位计数制有数位、基数、位权

3 个要素。

（1）数位。数位指数字符号在一个数中所处的位置。

（2）基数。基数指在某种进位计数制中数位上能使用的数字符号的个数。例如，十进制数的基数是 10，八进制的基数是 8。

（3）位权。位权是一个乘方值，乘方的底数为进位计数制的基数，指数是该数字在数中的位数。

表示不同的数制时，可以给数字加上括号，使用下标来表示该数字的数制（当没有下标时默认为十进制）。4 种进制如表 1-2 所示。

表1-2　4 种进制

进制	数码	规则	位权	下标符号
十进制	0，1，2，3，4，5，6，7，8，9	逢 10 进 1 借 1 当 10	10^n	D
二进制	0，1	逢 2 进 1 借 1 当 2	2^n	B
八进制	0，1，2，3，4，5，6，7	逢 8 进 1 借 1 当 8	8^n	O 或 Q
十六进制	0，1，2，3，4，5，6，7，8，9，A，B，C，D，E，F	逢 16 进 1 借 1 当 16	16^n	H

2. 数制转换

数制转换即进制转换，指进制（二、八、十、十六进制）之间的相互转换。

（1）其他进制数转换为十进制数。转换规则：将其他进制数按位权展开，然后把各项相加，就得到相应的十进制数。

【例1-1】将下列二进制数转换为十进制数。

$(110110.101)_B = (\qquad)_D$

$(110110.101)_B = 1×2^5+1×2^4+0×2^3+1×2^2+1×2^1+0×2^0+1×2^{-1}+0×2^{-2}+1×2^{-3}$
$= 32+16+4+2+0.5+0.125 = (54.625)_D$

【例1-2】将下列八进制数转换为十进制数。

$(125)_Q = (\qquad)_D$

$(125)_Q = 1×8^2+2×8^1+5×8^0 = 64+16+5 = (85)_D$

【例1-3】将下列十六进制数转换为十进制数。

$(1A.C)_H = (\qquad)_D$

$(1A.C)_H = 1×16^1+10×16^0+12×16^{-1} = 16+10+0.75 = (26.75)_D$

（2）十进制数转换成其他进制数。转换规则：分两部分进行，即整数部分和小数部分。

①整数部分。除以基数取余，把余数作为新进制的最低位；把上一次得的商再除以基数，把余数作为新进制的次低位；继续上一步，直到最后的商为零，这时的余数就是新进制的最高位。

②小数部分。乘以基数取整，把要转换的数字的小数部分乘以新进制的基数，把得到的整数部分作为新进制小数部分的最高位，把上一步得的小数部分再乘以新进制的基数，把整数部分作为新进制小数部分的次高位；继续上一步，直到小数部分变成零为止。

【例1-4】将下列十进制数转换为二进制数。

（325.125）$_D$=（101000101.001）$_B$

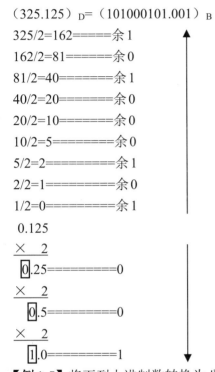

325/2=162=====余 1
162/2=81=====余 0
81/2=40======余 1
40/2=20======余 0
20/2=10======余 0
10/2=5=======余 0
5/2=2========余 1
2/2=1========余 0
1/2=0========余 1

0.125
× 2
0.25========0
× 2
0.5=========0
× 2
1.0=========1

【例1-5】将下列十进制数转换为八进制数。

（325.125）$_D$=（505.1）$_Q$

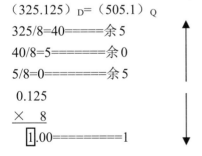

325/8=40=====余 5
40/8=5=======余 0
5/8=0========余 5

0.125
× 8
1.00========1

（3）二进制数与八进制数、十六进制数的相互转换。二进制数转换为八进制数、十六进制数，把要转换的二进制数以小数点为分界点，整数从低位到高位（小数从高位到低位）每 3 位或 4 位为一组进行分组，高位不足时在有效位前面补"0"，低位不足时在最低位后面补"0"，然后把每组二进制数转换成八进制数或十六进制数。二进制、八进制、十六进制的对应关系如表1-3所示。

表1-3　二、八、十六进制的对应关系

八进制	二进制	十六进制	二进制	十六进制	二进制
0	000	0	0000	8	1000
1	001	1	0001	9	1001
2	010	2	0010	A	1010
3	011	3	0011	B	1011
4	100	4	0100	C	1100
5	101	5	0101	D	1101
6	110	6	0110	E	1110
7	111	7	0111	F	1111

【例1-6】把下列二进制数分别转换为八进制数和十六进制数。

$(1101100101.11011)_B=(\qquad)_Q=(\qquad)_H$

<u>001</u>/1 <u>101</u>/5 <u>100</u>/4 <u>101</u>/5.<u>110</u>/6 <u>110</u>/6=$(1545.66)_Q$

<u>0011</u>/3 <u>0110</u>/6 <u>0101</u>/5.<u>1101</u>/D <u>1000</u>/8=$(365.D8)_H$

（4）八进制数、十六进制数转换为二进制数时，把上面的过程反过来即可。

【例1-7】把下列十六进制数分别转换为二进制数。

$(C1B)_H=(\qquad)_B$

$(C1B)_H=1100/0001/1011=(110000011011)_B$

1.3.2　计算机中数据存储的形式

1. 位、字节与字长

位（bit）：度量数据的最小单位，数据中每个单个的0或1被称为一位。将8个二进制位的集合称作字节，将计算机一次传送数据的位数称为字长。计算机的字长有16位（早期）、32位和64位。

2. 度量单位换算

计算机中表示存储容量的基本单位是字节（B）。其他的单位还有 KB、MB、GB、TB、PB、EB 等，它们的换算关系如下：

$1KB=1024B=2^{10}B$　　　　$1MB=1024KB=2^{10}KB$

$1GB=1024MB=2^{10}MB$　　　$1TB=1024GB=2^{10}GB$

1.3.3　计算机中数据的表示

1. 数值型数据的编码

数值型数据有大小、正负之分，能够进行算术运算。在计算机中正负号、小数点也要用"0"和"1"表示。在计算机中将数值型数据全面、完整地表示成一个二进制数（机器数），应该考虑4个因素：机器数的范围、机器数的符号、编码方法和机器数中小数点的位置。下面对机器数的范围、机器数的符号和机器数中小数点的位置进行介绍。

（1）机器数的范围。机器数的表示范围由硬件（CPU 中临时存放数据的寄存器）决定。当使用8 位寄存器时，字长为8 位，一个8 位无符号整数的最大值是（11111111）$_B$= 255，机器数的范围为0～255；当使用16 位寄存器时，字长为16 位，一个16 位无符号整数的最大值是（FFFF）$_H$=65535，机器数的范围为0～65535。

（2）机器数的符号。在计算机内部，任何信息都只能用二进制的"0"和"1"表示。通常规定机器数的最高位为符号位，并用0 表示正，用1 表示负。这时在一个8 位字长的计算机中，数据的格式如下：

①原码。最高位 D7 为符号位，D6～D0 为数值位。

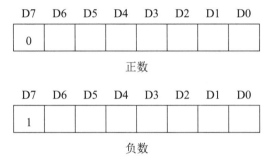

例如，用8 位二进制数表示-25：

D7	D6	D5	D4	D3	D2	D1	D0
1	0	0	1	1	0	0	1

负数

以上用"0"和"1" 表示正负号，其他位直接表示二进制数值的方法被称为"原码"编码，为了方便计算，计算机中还经常用"反码"和"补码"表示数据。

②反码。反码是计算机内的一种数值编码方法，该编码表示正数的方法与原码表示正数的方法相同，表示负数时，将二进制数除符号位外按位取反。下面举例说明。

原码：10011001（十进制数-25）。

反码：11100110，即除符号位外，其余7 位按位取反（0 变为1，1 变为0）。

③补码。补码是计算机内的又一种数值编码方法，该编码表示正数的方法与原码表示正数的方法相同，表示负数时，将该数的反码末位加1。下面举例说明

原码：10011001（十进制数-25）。

反码：11100110。

补码：11100111，即末位加1。

（3）机器数中小数点的位置。在计算机内部，小数点的位置是隐含的。隐含的小数点位置可以是固定的，被称为"定点数"；也可以是变动的，被称为"浮点数"。

①定点数。定点数中有定点整数和定点小数之分。

定点整数小数点的位置约定在最低位的右边，用来表示整数，如图1-16（a）所示；定点小数的小数点位置约定在符号位之后，用来表示小于1的纯小数，如图1-16（b）所示。

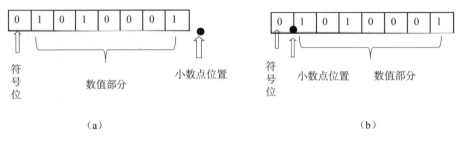

图1-16 定点数

②浮点数。如果要处理的数既有整数又有小数，用定点数表示会很不方便。这时可采用浮点数，顾名思义，浮点数即小数点浮动的数。

将十进制数68.35、−6.835、0.6835、−0.06835用指数形式表示，即用科学计数法表示，它们分别为$0.6835×10^2$、$−0.6835×10^{-1}$、$0.6835×10^0$、$−0.6835×10^{-1}$。

在原数字中，无论小数点前后各有几位数，它们都可以用一个纯小数（称为尾数，有正、负）与10的整数次幂（称为阶数，有正、负）的乘积形式表示，这就是浮点数的表示法。

同理，一个二进制数w也可以表示为：$w=±s×2^{±p}$。

上式中的w、p、s均为二进制数。s称为w的尾数，即全部的有效数字（数值小于1），s前面的±号是尾数的符号；p称为w的阶码（通常是整数），即指明小数点的实际位置，p前面的±号是阶码的符号。

在计算机中，一般浮点数的存放形式如图1-17所示。

在浮点数表示中，尾数的符号和阶码的符号各占一位，阶码是定点整数，阶码的位数决定了它所表示的数的范围，尾数是定点小数，尾数的位数决定了数的精度。

例如，一个二进制8位浮点数如图1-18所示，表示$−0.1011×2^{-3}$。

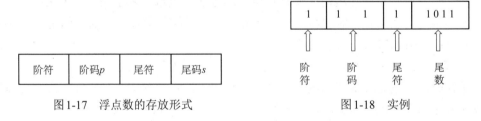

图1-17 浮点数的存放形式   图1-18 实例

2. 非数值型数据的编码

逻辑数据、字符数据、汉字数据、图像数据、声音数据等不表示数字的数据都是非数值型数据。

（1）ASCII编码。ASCII码使用指定的7位或8位二进制数组合来表示128或256种可能的字符。标准ASCII码也被称为基础ASCII码，使用7位二进制数（最前面的1位二进制数为0）表示所有的大写和小写字母、数字0～9、标点符号，以及在美式英语中使用的特殊控制字符。ASCII 码表如表1-4所示。

表1-4　ASCII 码表

LSD		MSD							
		0	1	2	3	4	5	6	7
		000	001	010	011	100	101	110	111
0	0000	NUL	DEL	SP	0	@	P	、	p
1	0001	SOH	DC1	!	1	A	Q	a	q
2	0010	STX	DC2	"	2	B	R	b	r
3	0011	ETX	DC3	#	3	C	S	c	s
4	0100	EOT	DC4	$	4	D	T	d	t
5	0101	ENQ	NK	%	5	E	U	e	u
6	0110	ACK	SYN	&	6	F	V	f	v
7	0111	BEL	ETB	'	7	G	W	g	w
8	1000	BS	CAN	(	8	H	X	h	x
9	1001	HT	EM	)	9	I	Y	i	y
A	1010	LF	SUB	*	:	J	Z	j	z
B	1011	VT	ESC	+	;	K	[	k	{
C	1100	FF	FS	`	<	L	\	l		
D	1101	CR	GS	-	=	M	]	m	}
E	1110	SO	RS	.	>	N	↑	n	
F	1111	SI	VS	/	?	O	←	o	DEL

在表中，MSD 表示高3位，LSD 表示低4位，大写字母 A 的 ASCII 码为1000001，十进制数为65，其余大写字母按顺序排列；小写字母a 的 ASCII 码为1100001，十进制数为97，其余小写字母也按顺序排列。字符0 的 ASCII 码为0110000，十进制数为48。

（2）GBK 编码。由于 ASCII 编码不支持中文，因此，当中国人使用计算机时，就必须寻求一种编码方式来支持中文。于是，就定义了一套编码规则：当字符小于127 位时，与 ASCII 的字符相同，但当两个大于127 的字符连接在一起时，就代表一个汉字，第一个字节被称为高字节（从0xA1～0xF7），第二个字节为低字节（从0xA1～0xFE），这样大约可以组合7000 多个简体汉字。这个规则即 GB2312。

（3）Unicode 编码。因为世界上的国家很多，不可能每个国家都定义一套自己的编码标准，所以 ISO（国际标准化组织）定义了一套编码方案来解决所有国家的编码问题，这个编码方案即 Unicode。

Unicode 不是一个新的编码规则，而是一套字符集，可以将 Unicode 理解为一本世界编码的字典。ISO 规定：每个字符必须使用两字节，即用16 位二进制数来表示所有的字符，对于 ASCII 编码表里的字符，保持其编码不变，只是将长度扩展到了16 位，其他国家的字符全部统一重新编码。

由于传输 ASCII 表里的字符时，实际上只用一字节就可以表示，所以这种编码方案在传输数据时比较浪费带宽，存储数据时比较浪费磁盘空间。

（4）UTF-8 编码。由于 Unicode 比较浪费网络带宽和磁盘空间，所以为了解决这个问题，就在 Unicode 的基础上，定义了一套编码规则，这个新的编码规则就是 UTF-8，采用1～4 个字符传输和存储数据。

3. 多媒体数据编码

（1）媒体和多媒体。

①媒体（Media）就是人与人之间实现信息交流的中介，简单地说，就是信息的载体，也被称为媒介。

②多媒体是对多种媒体的融合，将文字、声音、图像、动画和视频等通过计算机技术和通信技术集成在一个数字环境中，以协同表示更多的信息。

③多媒体技术就是指利用计算机技术把文本、图形、图像、声音、动画和视频等多种媒体综合起来，使多种信息建立逻辑连接，并能对它们进行获取、压缩、加工处理及存储，集成为一个具有交互性的系统。

使用计算机处理多媒体，首先要把多媒体数字化。将声音、图像、图形、视频转化为二进制代码存储的过程被称为数字化。

把声音数字化的基本方法：采样、量化。数字声音的质量取决于采样频率和量化分级的细密程度。每秒存储空间=声道数×采样频率（Hz）×量化值。

图像的数字化是将图像分解为许多的点，每个点被称为"像素"，再把每个点转化为二进制代码存储。黑白图像的存储量计算方法是水平分辨率与垂直分辨率相乘；灰色图像的存储量计算方法是水平分辨率与垂直分辨率相乘，再乘以 n 级灰度的二进制数位长度 $k/8$（字节）（$2k=n$）；彩色图像的每个像素点信息量更多，每个像素点可以使用3 字节来表示，其存储量计算方法为水平分辨率与垂直分辨率相乘，再乘以3（字节）。

（2）多媒体数据的格式。多媒体数据、程序均以文件的形式存储在计算机中。常见的多媒体文件的格式如表1-5 所示。

表1-5　常见的多媒体文件的格式

多媒体文件	格式
文档文件	DOCX、XLSX、PPTX、WPS、TXT 等
图形图像文件	BMP、GIF、JPG、TIF、PSD、DRW 等
音频文件	WAV、MP3、MP4、RA、RM、M3U、MPA、VOC、MID 等
视频文件	MPG、MOV、AVI、RM 等
动画文件	GIF、SWF、FL、IDL 等

（3）多媒体数据的压缩技术。多媒体数据之所以能够被压缩，是因为视频、图像、声音等具有很大的压缩空间。以目前常用的位图格式的图像存储方式为例，在这种格式的图像数据中，像素与像素之间无论在行方向还是在列方向上都具有很大的相关性，因此整体上数据的冗余度很大。在允许一定失真的前提下，能对图像数据进行大规模压缩。

根据解码后数据与原始数据是否完全一致进行分类，压缩方法可以分为有失真压缩和无失真压缩。

①有失真压缩会减少信息量，而损失的信息是不能再恢复的，因此这种压缩法是不可逆的。

②无失真压缩不会产生明显的失真。无失真压缩泛指那种不考虑被压缩信息性质的压缩技术。在多媒体技术中，无失真压缩一般用于文本、数据的压缩，它能保证百分之百地恢复原始数据。但这种方法压缩比较低，如 LZW 编码、行程编码、霍夫曼（Huffman）编码的压缩比一般在 2∶1 至 5∶1 之间。

习题 1

（1）完成下列数制转换。

$(10111010)_B = ($ $)_D = ($ $)_H$ $(3AE7)_H = ($ $)_B$

$(252)_D = ($ $)_B$ $(58)_D = ($ $)_B$

$(1010111)_B = ($ $)_D$ $(101011101011)_B = ($ $)_H$

$(56)_D = ($ $)_H$ $(3FA)_H = ($ $)_B = ($ $)_D$

（2）简述计算机系统的组成。

（3）简述计算机的工作原理。

第2章 计算机网络与安全

2.1 计算机网络

自20世纪90年代以来，以因特网为代表的计算机网络迅速发展，网络已成为信息社会的发展命脉和知识经济的重要基础，网络对社会生活的很多方面及对社会经济的发展已经产生了深远的影响。如今，网络与网络应用已经渗透到了人们的生活、工作、学习、娱乐等众多方面，成为了人类社会生活中不可缺少的部分。

2.1.1 计算机网络概述

计算机网络将地理位置不同且具有独立功能的多台计算机及其外部设备，通过通信线路连接起来，在网络操作系统、网络管理软件及网络通信协议的管理和协调下，实现资源共享和信息传递。计算机网络具有以下功能。

1. 数据通信

数据通信是计算机网络的最基本的功能。数据通信是指按照一定的通信协议，利用数据传输技术在两个终端之间传递数据信息的通信方式和通信业务。它可实现计算机和计算机、计算机和终端，以及终端和终端之间的数据信息传递。

2. 资源共享

资源共享是人们建立计算机网络的主要目的。计算机资源包括硬件、软件和数据等资源。硬件资源的共享可以提高设备的利用率，避免设备的重复投资，如利用计算机网络建立网络打印机；软件资源和数据资源的共享可以充分利用已有的信息资源，减少软件开发过程中的劳动，避免大型数据库的重复建设。

3. 分布式处理

网络技术的发展使得分布式处理成为可能。对于大型的计算任务，可以分为许许多多小任务，由不同的计算机分别完成，然后集中起来，解决问题。

4. 集中管理

计算机网络技术的发展和应用，已使得现代的办公手段、经营管理等发生了变化。目前，已经有了许多管理信息系统、办公自动化系统等，通过这些系统可以实现日常工作的集中管理，从而帮助我们提高工作效率，增加经济效益。

5. 负载均衡

负载均衡是指工作被均匀地分配给网络上的每台计算机。网络控制中心负责分配和检测，当某台计算机负载过重时，系统会将工作自动转移到负荷较轻的计算机进行处理。

通过上述功能，计算机网络可以大大扩展计算机系统的功能，扩大其应用范围，提高可靠性，为用户提供方便，同时也减少了费用，提高了性能价格比。

2.1.2　计算机网络的发展历史

自 1946 年第一台电子计算机问世后的十多年里，由于计算机价格很昂贵，所以计算机的数量极少。早期的计算机网络主要是为了解决这一矛盾而产生的，其形式是将一台计算机经过通信线路与若干终端直接连接，这种方式被看作最简单的计算机网络。随着计算机技术和通信技术的发展，计算机网络由简单到复杂，其发展过程大致可分为以下四个阶段。

1. 远程终端连接

在 20 世纪 60 年代早期，计算机网络的雏形初现，通过远程终端与主机连接，形成面向终端的计算机网络。主机是网络的中心和控制者，终端是一台计算机的外围设备，包括显示器和键盘，无 CPU 和内存。终端分布在不同的地理位置并通过网络与主机相连，用户通过本地的终端使用远程的主机。典型应用为由一台计算机和美国范围内 2000 多个终端组成的飞机订票系统。

2. 计算机网络阶段

20 世纪 60 年代中期，计算机网络的基本概念逐渐形成，多个主机互联实现了计算机和计算机之间的通信。通信网络包括通信子网和用户资源子网。通信子网中的主机负责运行程序，提供资源共享，组成资源子网。终端用户可以访问本地主机和通信子网上所有主机的软、硬件资源。典型代表是美国国防部高级研究计划局协助开发的 ARPA NET。

3. 网络互联阶段

20 世纪 80 年代，国际标准化组织制订了开放体系互联基本参考模型，使不同厂家生产的产品之间实现互联，同时 TCP/IP 协议诞生。ARPA NET 兴起后，各计算机公司相继推出自己的网络体系结构及实现这些结构的软、硬件产品。由于没有统一的标准，不同厂商的产品之间很难互联，大家迫切需要开放性的标准化实用网络环境，这样便应运而生了两种重要的国际通用体系结构，即 TCP/IP 体系结构和 OSI 体系结构。

4. 信息高速公路

20 世纪 90 年代至今是计算机网络发展的第 4 个阶段，由于局域网技术已发展成熟，出现光纤及高速网络技术，整个网络就像一个对用户透明的大的计算机系统。计算机网络已发展为以因特网为代表的互联网。网络有了很好的交互性，可实现网络电视点播、网络电视会议、可视电话、网上购物、网上银行、网络图书馆等高速、可视化服务。

2.1.3　计算机网络的组成

网络是计算机或类似计算机的网络设备的集合，它们之间通过各种传输介质进行连接。无论设备之间如何连接，网络的本质都是将来自其中一台网络设备上的数据，通过传输介质传输到另外一台网络设备上。

1. 构成计算机网络系统的要素

构成计算机网络系统的基本要素有计算机系统、网络软件、网络通信设备和网络外部设备。网络中的计算机系统通常包含工作站和网络服务器。工作站也被称为客户机，由服务器进行管理和提供服务、连入网络的任何计算机都属于工作站，其性能一般低于服务器。服务器通常是高性能计算机，用于管理网络、运行应用程序、处理各网络工作站成员的信息请求等，服务器是网络服务的提供者。根据其作用的不同可分为文件服务器、打印服务器、应用程序服务器和数据库服务器等。

网络软件一般指系统的网络操作系统、网络通信协议和应用级的提供网络服务功能的专用软件。网络操作系统是整个网络的灵魂，同时也是分布式处理系统的重要体现，它决定了网络的功能并由此决定了不同网络的应用领域，即方向。目前比较流行的网络操作系统主要有 Unix、Netware、Windows NT 和 Linux 等。网络通信设备包括网络传输介质、网络接口设备和网络连接设备，如各种网络线缆、无线通信介质、网卡、集线器、交换机、路由器等。网络外部设备包含高性能打印机、大容量硬盘等，为网络计算机系统提供服务。

2. 常见网络通信设备

（1）网卡。网卡也被称为网络适配器，是连接计算机和传输介质的接口。网卡主要用于将计算机数据转换为能够通过传输介质传输的信号。网络设备要访问互联网，就应当通过网卡进行连接。

根据上网方式的不同，网卡可分为有线网卡和无线网卡。有线网卡通过网线连接网络，常见的形式如图2-1（a）所示。无线网卡是无须通过网线进行连接的，而是通过无线信号进行连接的。无线网卡通常指 Wi-Fi 网络的无线网卡。无线网卡常见的形式如图2-1（b）所示。

（2）网络电缆。网络电缆用来连接网络中的各种设备，以便设备之间进行数据通信。常见的计算机网络电缆有双绞线、光纤、电话线等。

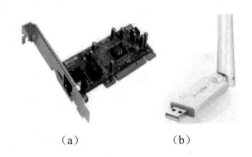

(a)　　　　　　(b)

图2-1　有线网卡和无线网卡

①双绞线。双绞线即网线。它是由两根具有绝缘保护层的铜导线缠绕组成的，如图2-2所示。这样的铜线一共有8根。每根都通过对应的颜色进行区分。在现实生活中，家庭和企业中的计算机一般都通过双绞线连接网络。这些双绞线在排序上往往采用 EIA/TIA 568B 的线序，按颜色排序依次为橙白、橙、绿白、蓝、蓝白、绿、棕白、棕。

②光纤。光纤是一种传输光信号的细而柔软的媒质，多数光纤在使用前必须由几层保

护结构包裹，如图2-3 所示。光纤的主要作用是把要传送的数据由电信号转换为光信号进行通信。在光纤的两端分别装有"光猫"进行信号转换。

③电话线。电话线也是由具有绝缘保护层的铜导线组成的。与双绞线不同的是，电话线只有2根或4根线，而且不一定会缠绕在一起，也没有颜色排序，如图2-4 所示。

 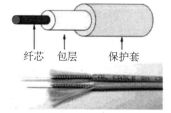 

纤芯　包层　保护套

图2-2　双绞线示意图　　　　图2-3　光纤示意图　　　　图2-4　电话线示意图

（3）网络设备。网络设备指的是网络中的组成设备，如交换机、路由器、调制解调器等。它们是发送或接收数据的终端设备。

①交换机。交换机（Switch）可以将多个网络设备连接起来组成一个局域网。它是一种用于电（光）信号转发的网络设备，用来进行数据转换。交换机的外观如图2-5 所示。

图2-5　交换机

②路由器。路由器（Router）又被称为网关设备（Gateway），用于连接多个逻辑上分开的网络。所谓逻辑网络是指一个单独的网络或一个子网。当数据从一个子网传输到另一个子网中时，可通过路由器的路由功能来完成。它会根据信道的情况自动选择和设定路由，以获得最佳路径，按前后顺序发送信号。路由器也是用来进行数据转换的。路由器与交换机很容易区分，路由器上有 WAN 接口和 LAN 接口，而交换机没有这些接口。常见的路由器的外观如图2-6 所示。

③调制解调器。调制解调器（Modem），俗称"猫"，是一种计算机硬件。它能把计算机的数字信号转换为可沿着普通电话线传送的脉冲信号，而这些脉冲信号又可以被线路另一端的另一个调制解调器接收，并转换为能被计算机识别的数字信号。调制解调器的外观如图2-7 所示。

图2-6　路由器　　　　　　　图2-7　调制解调器

2.1.4 计算机网络的分类

计算机网络可以按覆盖地理范围、拓扑结构、传输速率和传输介质等分类。根据计算机网络的地理覆盖范围，把网络分为局域网、城域网和广域网。按照网络构成的拓扑结构，可分为总线结构、星形结构、环形结构和树形结构等。依照网络服务的提供方式，可分为对等网络、服务器网络。按照介质访问协议，可分为以太网、令牌环网、令牌总线网。分类标准还有很多，在此只介绍一些常见的分类方法，如表 2-1 所示。

表2-1　计算机网络主要分类方法

分类方法	分类依据	分类情况
覆盖范围	网络的地理覆盖范围	局域网、城域网和广域网
拓扑结构	网络设备之间的分布和连接状态	总线结构、星形结构、环形结构和树形结构等
传输介质	按照介质访问协议	以太网、令牌环网、令牌总线网
网络服务	物联网服务模式	对等网络、服务器网络

1. 按地理范围分类

按覆盖地理范围的不同可把计算机网络类型划分为局域网、城域网和广域网。这样的网络划分并没有严格的地理范围的区分，只是一个定性的概念。

（1）局域网。局域网（Local Area Network，LAN）就是在局部地区范围内的网络，它所覆盖的地区范围较小，一般位于一个建筑物或一个单位内，局域网的连接距离为几米至10公里。随着整个计算机网络技术的发展，局域网得到充分的应用和普及，几乎每个单位都有自己的局域网，甚至在家庭中都可以组建小型局域网。

（2）城域网。城域网（Metropolitan Area Network，MAN）一般指在一个城市，但不在同一地理区域范围内的网络。城域网的连接距离为10~100公里。与局域网相比，城域网的连接距离更长，连接的计算机数量更多。在地理范围上，我们可以说城域网是局域网的延伸。城域网通常连接着多个局域网，如连接政府机构、医院、电信机构和公司企业等的局域网。使用光纤可以将城域网中的局域网相互连接起来。

（3）广域网。广域网（Wide Area Network，WAN）也被称为远程网，所覆盖的范围比城域网更广，一般用于连接不同城市之间的局域网或城域网，其连接距离为几百公里到几千公里。因为连接距离较远，信息衰减比较严重，所以一般要租用专线，通过接口信息处理协议和线路连接起来，构成网状结构，解决循径问题。

2. 按传输介质分类

传输介质是指数据传输系统中发送装置和接收装置之间的物理媒体，按物理形态可以将传输介质划分为有线和无线两大类。采用有线介质连接的网络被称为有线网，常用的有线传输介质有双绞线和光纤。采用无线介质连接的网络被称为无线网，某无线网络的连接情况如图2-8所示。目前无线网主要采用三种技术：微波通信、红外线通信和激光通信。这三种技术都是以大气作为传输介质的。其中微波通信用途最广，目前的卫星网就是一种特殊形式的微波通信，它将地球同步卫星作为中继站转发微波信号，一个同步卫星可以覆盖地球表面的三分之一以上，三个同步卫星就可以覆盖地球上的全部通信区域。

图2-8　某无线网络的连接情况

3. 按拓扑结构分类

计算机网络的物理连接形式叫作网络的物理拓扑结构。连接在网络上的计算机、大容量的外存、高速打印机等设备均可看作网络上的一个节点，这类节点也被称为工作站。计算机网络中常用的拓扑结构有总线结构、星形结构、环形结构、树形结构和网状结构等，如图2-9所示。

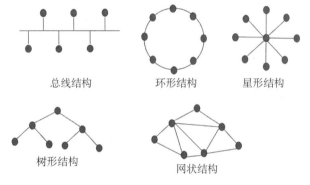

总线结构　　　环形结构　　　星形结构

树形结构　　　网状结构

图2-9　网络拓扑结构

（1）总线结构。总线结构是一种共享通路的物理结构。这种结构中的总线具有信息的双向传输功能，普遍用于局域网的连接。总线结构安装容易，扩充或删除一个节点很容易，无须停止网络的正常工作，节点的故障不会殃及系统。由于各节点共用一个总线作为数据通路，所以信道的利用率高。但因为信道共享，所以连接的节点不宜过多，并且总线自身的故障会导致系统的崩溃。

（2）星形结构。星形结构是一种以中央节点为中心，把若干外围节点连接起来的辐射式互联结构。这种结构适用于局域网，特别是近年来连接的局域网大都采用这种连接方式。星形结构安装容易，结构简单，费用低，通常以集线器（Hub）作为中央节点，便于维护和管理。中央节点的正常运行对网络系统来说是至关重要的。

（3）环形结构。环形结构将网络节点连接成闭合结构。在环形网络中信号顺着一个方向从一台设备传到另一台设备，每台设备都配有一个收发器，信息在每台设备上的延时是固定的。这种结构特别适用于实时控制的局域网系统。环形结构安装容易，费用低，电缆故障容易查找和排除。有些网络系统为了提高通信效率和可靠性，采用了双环结构，使每个节点都具有两个接收通道。在环形结构中，当节点发生故障时，整个网络就不能正常工作了。

（4）树形结构。树形结构就像一棵"根"朝上的树，与总线结构相比，主要区别在于总线结构中没有"根"节点。树形结构用于军事单位、政府部门等上下界限相当严格、层次分明的部门。树形结构容易扩展、故障也容易分离处理，但整个网络对"根"节点的依赖性很大，一旦网络的根发生故障，整个系统就不能正常工作。

（5）网状结构。在网状结构中，节点之间的连接是任意的，节点之间有多条线路相连，以便有多条路径可选，在传输数据时可以灵活地选用空闲路径或避开故障线路。网状结构可以充分合理地使用网络资源，并且具有可靠性高的优点。广域网覆盖面积大，传输距离长，网络的故障会给大量用户带来严重的危害，因此在广域网中，为了提高网络的可靠性，通常采用网状结构，将多个子网或多个局域网连接起来构成网状结构。

2.1.5 计算机网络协议与体系结构

计算机网络涉及计算机技术、通信技术、多媒体技术等多个领域，为保障这样一个复杂且庞大的系统高效、可靠地运转，在通信过程中，必须遵守一定的规则，以减少网络阻塞，提高网络的利用率。网络协议就是为网络中的数据交换而建立的规则、标准或约定。体系结构则定义各组成部分的功能，以便在统一的原则下实施设计、建造和应用等环节。

1. 网络协议

网络协议是计算机网络中互相通信的对等实体之间交换信息时所必须遵守的规则的集合。不同的计算机之间必须使用相同的网络协议才能通信，网络协议由三个要素组成：语义、语法和时序。

（1）语义解释控制信息每个部分的意义，规定了应该发出何种控制信息，以及完成的动作与必须做出的响应。

（2）语法是用户数据与控制信息的结构与格式，以及数据出现的顺序。

（3）时序是对事件发生顺序的详细说明，也被称为"同步"。

在网络协议中，语义表示要做什么，语法表示要怎么做，时序表示做的顺序。

大多数网络都采用分层的体系结构，每一层都建立在它的下层之上，向它的上一层提供一定的服务，而把如何实现这一服务的细节对上一层加以屏蔽。计算机网络体系结构是指计算机网络层次结构模型，它是各层的协议及层次之间的端口的集合。目前广泛采用的是国际标准化组织提出的开放系统互联（Open System Interconnection，OSI）参考模型和在 Internet 中广泛使用的传输控制协议/网际协议（Transmission Control Protocol/Internet Protocol，TCP/IP）体系结构。

2. OSI 参考模型

为把在一个网络结构下开发的系统与在另一个网络结构下开发的系统互联起来，以实现更高级的应用，使异种机之间的通信成为可能，便于网络结构标准化，国际标准化组织（ISO）于 1984 年公布了开放系统互联参考模型的正式文件。从逻辑上讲，OSI 参考模型把一个网络系统分为功能上相对独立的 7 个有序的子系统，这样 OSI 体系结构就由功能上相对独立的 7 个层次组成，如图 2-10 所示。它们由低到高分别是物理层、数据链路层、网络层、传输层、会话层、表示层和应用层。

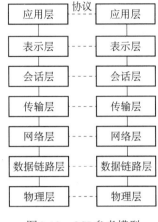

图 2-10　OSI 参考模型

（1）物理层是指传递信息时会用到的物理传输媒介，如双绞线和光纤等。物理层的任务就是为上层提供一个物理的连接，以及该物理连接表现出来的机械、电气、功能和过程特性，实现透明的比特流传输。在这一层，数据还没有组织，仅作为原始的比特流提交给上层。

（2）数据链路层负责在两个相邻的结点之间的链路上实现无差错的数据帧传输。每一帧包括一定的数据和必要的控制信息，当接收方接收到的数据出错时要通知发送方重发，直到这一帧无差错地到达接收结点。数据链路层就是把一条有可能出错的实际链路变成让网络层看起来不会出错的数据链路。数据链路层实现的主要功能有：帧的同步、差错控制、流量控制、寻址、帧内定界、透明比特组合传输等。

（3）网络层负责管理网络中通信的两个计算机之间可能要经过的结点、链路，以及通信子网。网络层数据传输的单位是分组（Packet）。网络层的主要任务是为要传输的分组选择一条合适的路径，使分组能够正确无误地按照给定的目的地址找到目的主机，交付给目的主机的传输层。

（4）传输层的主要任务是通过通信子网的特性，合理地利用网络资源，并以可靠且经济的方式为两个端系统的会话层之间建立一条连接通道，以透明地传输报文。传输层向上一层提供一个可靠的端到端的服务，使会话层不知道传输层以下的数据通信的细节。传输层只存在于端系统中，传输层以上的各层就不再考虑信息传输的问题了。

（5）在会话层及以上各层中，数据的传输都以报文为单位，会话层不参与具体的传输，它提供包括访问验证和会话管理在内的建立，以及维护应用之间的通信机制。例如，服务器验证用户登录便是由会话层完成的。

（6）表示层主要解决用户信息的语法表示问题。它将要交换的数据从适合某一用户的抽象语法，转换为适合 OSI 内部表示的传送语法，即提供格式化的表示和转换数据服务。数据的压缩和解压缩、加密和解密等工作都由表示层负责。

（7）应用层是 OSI 参考模型的最高层。应用层确定进程之间通信的性质以满足用户的需求，以及提供网络与用户软件之间的接口服务。

3. TCP/IP 体系结构

TCP/IP 是 Internet 上使用的一组完整的标准网络连接协议，由它的两个主要协议，即TCP 协议和 IP 协议而得名。TCP/IP 实际上包含了大量的协议和应用，并且由多个独立定义的协议组合而成，因此也可将其称为 TCP/IP 协议集。TCP/IP 共有 4 个层次，它们分别是网络接口层、网际层、传输层和应用层。TCP/IP 层次结构与 OSI 层次结构的对照关系如图 2-11 所示。

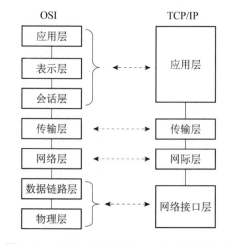

图 2-11　TCP/IP 层次结构与 OSI 层次结构的对照关系

（1）网络接口层。TCP/IP 模型的底层是网络接口层，也被称为网络访问层，包括可使用 TCP/IP 与物理网络进行通信的协议，并且对应着 OSI 的物理层和数据链路层。TCP/IP 并没有定义具体的网络接口协议，从而更具有灵活性，以适应各种网络类型，如 LAN、MAN 和 WAN。

（2）网际层。网际层的主要功能是处理来自传输层的分组，将分组转换成数据包（IP 数据包），并为该数据包在不同的网络之间进行路径选择，最终将数据包从源主机发送到目的主机。在网际层中，最常用的协议是网际协议 IP，其他一些协议用来协助 IP 的操作。

（3）传输层。传输层也被称为主机至主机层，主要负责主机到主机之间的端对端的可靠通信，该层使用了两种协议来支持两种数据的传送方法，即传输控制协议（TCP，Transmission Control Protocol）和用户数据报协议（UDP，User Datagram Protocol）。传输层提供逻辑连接的建立、传输层寻址、数据传输、传输连接释放、流量控制、拥塞控制、多路复用和解复用、崩溃恢复等服务。

（4）应用层。应用层在 TCP/IP 模型中，应用程序接口是最高层，它与 OSI 模型中高 3 层的任务相同，都用于提供网络服务，如文件传输、远程登录、域名服务和简单网络管理等。

2.2　Internet 基础

Internet 是当今世界最大的计算机网络，由许多小的子网互联而成，每个子网中连接着若干主机。Internet 以交流信息、共享资源为目的，基于一些共同的协议，并通过许多路由器和公共互联网构成，它是一个信息资源共享的集合。

2.2.1　Internet 简介

Internet 于 1969 年诞生于美国，其前身是 ARPA 网，该网络先被用于军事连接，后将美国西南部的加利福尼亚大学洛杉矶分校、斯坦福大学研究学院、加利福尼亚大学和犹他州大学的四台主要计算机连接起来。另一个推动 Internet 发展的广域网是 NSF 网，它最初是由美国国家科学基金会资助建设的，目的是连接美国的 5 个超级计算机中心，供 100 多所美国大学共享它们的资源。NSF 网也采用 TCP/IP 协议，且与 Internet 相连。

ARPA 网和 NSF 网最初都是为科研服务的，其主要目的是为用户共享大型主机的宝贵资源。随着接入主机数量的增加，越来越多的人把 Internet 作为通信和交流的工具。一些公司还陆续在 Internet 上开展商业活动。随着 Internet 的商业化，其在通信、信息检索、客户服务等方面的巨大潜力被挖掘出来，使 Internet 有了质的飞跃，并最终走向全球。

Internet 使用 TCP/IP 协议，为保证数据安全、可靠地到达指定的目的地，Internet 采用分组交换的通信方式。所谓分组交换，就是数据在传输时被分成若干段，每个数据段被称为一个数据包。数据包是 TCP/IP 协议的基本传输单位。TCP/IP 协议中的 TCP 协议和 IP 协议可以联合使用，也可以与其他协议联合使用，它们在数据传输过程中主要完成以下功能。

（1）首先由 TCP 协议把待传输数据分成若干数据包，给每个数据包编上序号，以便接收端把数据还原成原来的顺序。

（2）IP 协议为每个数据包写明发送主机和接收主机的地址，一旦写有源地址和目的地址，数据包就可以在物理网络上传送数据了。IP 协议还具有利用路由算法进行路由选择的功能。

（3）数据包可以通过不同的传输途径（路由）进行传输，由于路径不同及其他原因，可能出现数据包到达顺序颠倒、数据丢失、数据失真甚至重复的现象。TCP 协议具有检查和处理错误的功能，必要时还可以请求发送端重发。

简言之，IP 协议负责数据的传输，而 TCP 协议负责数据的可靠传输。

2.2.2　IP 地址

IP 地址是 Internet 上的主机编号，每台主机都要有 IP 地址，才能在网络中正常通信。IP 地址是一个 32 位的二进制数，通常被分割为 4 个 8 位二进制数，也就是 4 字节。IP 地址通常用点分十进制表示成"×.×.×.×"的形式，其中×是 0～255 的十进制整数。例如，点分十进制 IP 地址（100.4.5.6），实际上是 32 位二进制数（01100100.00000100.00000101.00000110）。

IP 地址分为公有地址和私有地址。公有地址由 Inter NIC（Internet Network Information Center，因特网信息中心）负责提供。这些 IP 地址被分配给向 Inter NIC 提出申请的组织机构。通过公有地址可直接访问因特网。私有地址（Private Address）属于非注册地址，专门为组织机构内部使用。

1. IP 地址编址方式

为了便于寻址及层次化构造网络，每个 IP 地址包括两个标识码（ID），即网络 ID 和主机 ID。同一个物理网络上的所有主机都使用同一个网络 ID，网络上的一个主机（包括网络上工作站、服务器和路由器等）有一个主机 ID 与其对应。Internet 委员会定义了 5 种 IP 地址类型以适应不同容量的网络，即 A 类～E 类。其中 A 类、B 类、C 类由 Inter NIC 在全球范围内统一分配，D 类、E 类为特殊地址。

IP 地址编址方式如表 2-2 所示。

表 2-2　IP 地址编址方式

类别	最大网络数	地址范围	单个网段最大主机数	私有地址
A	126	1.0.0.1～127.255.255.4	1677214	10.0.0.0～10.255.255.255
B	16384	128.0.0.1～191.255.255.4	65534	172.16.0.0～172.31.255.255
C	2097152	192.0.0.1～223.255.255.4	254	192.168.0.0～192.168.255.255
D	/	224.0.0.0～239.255.255.255	/	/

（1）A 类 IP 地址。在 A 类 IP 地址的四段号码中，第一段号码为网络号码，剩下的三段号码为本地计算机的号码，即 A 类 IP 地址由 1 字节的网络地址和 3 字节主机地址组成，网络地址的最高位必须是"0"。所以 A 类 IP 地址中网络的标识长度为 8 位。

（2）B 类 IP 地址。在 B 类 IP 地址的四段号码中，前两段号码为网络号码，即 B 类 IP 地址由 2 字节的网络地址和 2 字节主机地址组成，网络地址的最高位必须是"10"。B 类 IP 地址中网络的标识长度为 16 位，主机标识的长度为 14 位，B 类 IP 地址适用于中等规模的网络。

（3）C 类 IP 地址。在 C 类 IP 地址的四段号码中，前三段号码为网络号码，剩下的一段号码为本地计算机的号码，即 C 类 IP 地址由 3 字节的网络地址和 1 字节主机地址组成，网络地址的最高位必须是"110"。C 类 IP 地址中网络的标识长度为 24 位，主机标识的长度为 8 位。

（4）D 类 IP 地址。D 类 IP 地址被称为多播地址，即组播地址。在以太网中，多播地址命名了一组应该在这个网络中应用接收到一个分组的站点。多播地址的最高位必须是"1110"，范围是 224.0.0.0 到 239.255.255.255。

（5）特殊的网址。IP 地址中凡是以"11110"开头的 E 类 IP 地址用于将来分配和实验使用。IP 地址中的各字节都为 0 的地址（0.0.0.0）对应当前主机；各字节都为 1 的 IP 地址（255.255.255.255）是当前子网的广播地址；IP 地址中以十进制"127"开头的地址 127.0.0.1 到 127.255.255.255 用于回路测试，例如，127.0.0.1 可以代表本机 IP 地址，用"http://127.0.0.1"就可以测试本机中配置的 Web 服务器。

3. IPv6 地址

2011 年 2 月 3 日，全球 IP 地址分配机构（IANA）宣布将其最后的 468 万个 IP 地址平均分到全球 5 个地区的互联网络信息中心，此后再没有可分配的 IPv4 地址。IPv6 是 Internet Protocol Version 6 的缩写，是互联网工程任务组设计的用于替代 IPv4 的下一代 IP 协议，号称可以为全世界的每一粒沙子编上一个"网址"。

IPv6 的 128 位地址通常写成 8 组，每组为 4 个十六进制数的形式。例如，AD80:0000:0000:0000:ABAA:0000:00C2:0002 是一个合法的 IPv6 地址。这个地址比较长，看起来不方便也不易于书写。采用零压缩法可以缩减其长度。如果几个连续段位的值都是 0，那么这些 0 就可以简单地以 :: 表示，上述地址就可写成 AD80::ABAA:0000:00C2:0002。要注意的是，只能简化连续的段位的 0，其前后的 0 都要保留。例如，AD80 中最后的这个 0 不能被简化。此外，这种操作只能用一次，上例中的 ABAA 后面的 0000 就不能再次简化了。当然，也可以在 ABAA 后面使用∷，这样的话前面的 12 个 0 就不能压缩了。这种限制措施是为了能准确还原被压缩的 0，不然就无法确定每个∷代表了多少个 0。

例如，下面是一些合法的 IPv6 地址。

CDCD∶910A∶2222∶5498∶8475∶1111∶3900∶2020

1030∶∶C9B4∶FF12∶48AA∶1A2B

2000∶0∶0∶0∶0∶0∶0∶1

同时，前导的零也可以省略，因此 2001∶0DB8∶02DE∶∶0E13 等价于 2001∶DB8∶2DE∶∶E13。

4. 子网掩码

引入子网掩码（Netmask），从逻辑上把一个大网络划分成一些小网络。子网掩码是由一系列"1"和"0"构成的，通过将其与 IP 地址做"与"运算得到 IP 地址的网络号。对于传统的 IP 地址分类来说，A 类地址的子网掩码是 255.0.0.0；B 类地址的子网掩码是 255.255.0.0；C 类地址的子网掩码是 255.255.255.0。例如，如果要将一个 B 类网络 166.111.0.0 划分为多个 C 类子网的话，只要将其子网掩码设置为 255.255.255.0 即可，这样 166.111.1.1 和 166.111.2.1 就分属不同的网络了。像这样，通过较长的子网掩码将一个网络划分为多个网络的方法被称为划分子网（Subnetting）。

在"此电脑"窗口中右击"网络"图标，在弹出的快捷菜单中选择"属性"选项，打开"网络和共享中心"窗口，选择"更改适配器设置"选项，打开"网络连接"窗口，右击"WAN"图标，在弹出的快捷菜单中选择"属性"选项，弹出"WLAN 属性"对话框，选中"Internet 协议版本 4（TCP/IPv4）"复选框，单击"属性"按钮，打开如图 2-12 所示的"Internet 协议版本 4（TCP/IPv4）属性"对话框。用户可以在该对话框中设置 IP 地址及子网掩码。

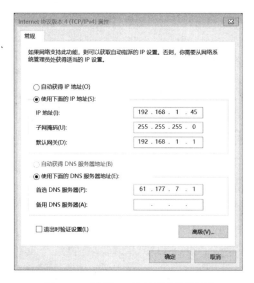

图 2-12　设置 IP 地址及子网掩码

2.2.3 域名

尽管 IP 地址能够唯一地标记网络上的主机，但 IP 地址是一长串数字，用户记忆十分不方便，于是人们又发明了另一套字符型的地址方案，即域名地址。IP 地址和域名是一一对应的，域名地址的信息存放在域名服务器（Domain name server，DNS）的主机内，域名服务器提供 IP 地址和域名之间的转换服务。域名是一种分层的管理模式，加入 Internet 的各级网络依照域名服务器的命名规则对本网内的计算机命名。域名层次结构为：主机名、机构名、网络名、最高层域名。

域名的常见后缀形式如表 2-3 所示，常见的国家（地区）域名如表 2-4 所示。

表2-3 域名的常见后缀形式

后缀	含义	后缀	含义
com	商业性的机构或公司	top	顶级、标杆组织机构或个人
tech	科技公司、技术公司	gov	政府部门
org	非营利的组织、团体	mil	军事部门
net	从事 Internet 相关工作的机构或公司	edu	教育机构

表2-4 常见的国家（地区）域名

后缀	国家（地区）	后缀	国家（地区）	后缀	国家（地区）	后缀	国家（地区）
au	Australia	br	Brazil	ca	Canada	cn	China

例如，在云南民族大学的域名 www.ynni.edu.cn 中，www 是主机名，ynni 是机构名，edu 代表教育机构，cn 代表中国。

2.2.4 Internet 应用

1. WWW 应用

万维网（World Wide Web，WWW）是存储在 Internet 计算机中、数量巨大的超文本（Hypertext）信息文档的集合。超文本包含文本、图形、视频、音频等多媒体。超文本是用超链接（Hyperlink）的方法将各种空间的文字信息组织在一起的网状文本。超链接是万维网上的一种链接技巧，它是内嵌在文本或图像中的。通过已定义好的关键字和图形，只要单击某个图标或某段文字，就可以自动跳转到对应的其他文件。超文本普遍以电子文档的方式存在，其中的文字包含可以链接到其他位置或文档的超链接，允许从当前阅读位置直接切换到超文本链接所指向的位置。

为方便对网络中的资源进行管理和访问，引入统一资源定位符（Uniform Resource Locator，URL）。URL 是对可以从互联网上得到的资源的位置和访问方法的一种简洁的表示形式，是互联网上标准资源的地址。互联网上的每个文件都有唯一的 URL，它可以指出文件的位置并告诉浏览器应该怎么处理。URL 的格式为 scheme://host:port/path。例如，http://www.ynni.edu.cn 就是一个典型的 URL 地址。

超文本传输协议（Hypertext Transfer Protocol，HTTP）提供了访问超文本信息的功能，是 WWW 浏览器和服务器之间的应用层通信协议。WWW 使用 HTTP 传输各种超文本页面和数据。HTTP 会话过程包括以下 4 个步骤。

（1）建立连接。客户端的浏览器向服务端发出建立连接的请求，服务端给出响应就可以建立连接了。

（2）发送请求。客户端按照协议的要求通过连接向服务端发送自己的请求。

（3）给出应答。服务端按照客户端的要求给出应答，把结果返回给客户端。

（4）关闭连接。客户端接到应答后关闭连接。

HTTP 是基于 TCP/IP 的协议，它不仅能保证正确传输超文本文档，而且能确定传输的是文档中的哪部分，以及哪部分内容首先显示等。HTTP 将用户的数据（包括用户名和密码）都明文传输，具有安全隐患，容易被窃听到，对于敏感的数据，可以使用具有保密功能的协议 HTTPS（Secure Hypertext Transfer Protocol）进行传输。

2. 搜索引擎

搜索引擎是指根据一定的策略，运用特定的计算机程序从互联网上采集信息，在对信息进行组织和处理后，为用户提供检索服务，将检索的相关信息展示给用户的软件系统。搜索引擎互联网检索技术，旨在提高人们获取搜集信息的速度，为人们提供更好的网络使用环境。从功能和原理上，搜索引擎可以被分为全文搜索引擎、元搜索引擎、垂直搜索引擎和目录搜索引擎四大类。

搜索引擎发展到今天，基础架构和算法技术已经比较成熟了。搜索引擎的整个工作过程分为三个部分：一是在互联网上爬行和抓取网页信息，并存入原始网页数据库；二是对原始网页数据库中的信息进行提取和组织，并建立索引库；三是根据用户输入的关键词，找到相关文档，并对找到的结果进行排序，然后将查询结果返回给用户。

常见的搜索引擎有百度、搜狗、360 和谷歌等。

3. 电子邮件

电子邮件是一种用电子手段提供信息交换的通信方式，是互联网应用最广的服务。通过网络的电子邮件系统，用户可以与世界上任何一个网络用户联系。电子邮件的内容可以是文字、图像、声音等多种形式。

电子邮件在 Internet 上发送和接收的原理可以用人们日常生活中邮寄包裹来描述：当人们要寄一个包裹时，首先要找到任何一个有这项业务的邮局，在填写完收件人姓名、地址等之后，包裹就被寄出了，然后到了收件人所在地的邮局，对方必须去这个邮局才能取出包裹。同样的，当人们发送电子邮件时，这封邮件是由邮件发送服务器（任何一个都可以）发出的，并根据收件人的地址判断对方的邮件接收服务器，于是这封电子邮件被发送到该服务器上，收信人只能访问这个服务器才可以收取电子邮件。

（1）电子邮件的发送。简单邮件传输协议（Simple Mail Transfer Protocal，SMTP）是一种提供可靠且有效的电子邮件传输服务的协议。使用 SMTP，可实现相同网络处理进程之间的邮件传输，也可通过中继器或网关实现其他网络之间的邮件传输。

SMTP 基于如图2-13 所示的工作模型，其工作过程如下：根据用户的邮件请求，发送方 SMTP 与接收方 SMTP 建立双向通道。接收方 SMTP 可以是最终接收者，也可以是中间传送者。发送方 SMTP 产生并发送 SMTP 命令，接收方 SMTP 向发送方 SMTP 返回响应信息。

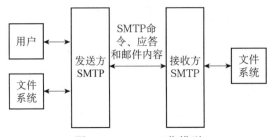

图2-13　SMTP 工作模型

（2）电子邮件的接收。

①POP3。邮局协议版本3（Post Office Protocol - Version 3，POP3）支持"离线"邮件处理。其具体过程如下：邮件发送到服务器上，电子邮件客户端调用邮件客户机程序以连接服务器，并下载所有未阅读的电子邮件。这种离线访问模式是一种存储转发服务，将邮件从邮件服务器端送到个人终端机器上，如PC 或MAC。一旦邮件发送到PC 或MAC 上，邮件服务器上的邮件将会被删除。但 POP3 邮件服务器大都可以实现"只下载邮件，服务器端并不删除"的功能，这就是改进后的 POP3 协议。

②IMAP4。因特网报文访问协议4（Internet Message Access Protocol 4，IMAP4） 即交互式数据消息访问协议的第4 个版本，它是 TCP/IP 协议族中的一员，用于客户机远程访问服务器上的电子邮件，是邮件传输协议新的标准。IMAP4 协议与 POP3 协议一样也是规定个人计算机访问网上的邮件服务器来收发邮件的协议，但是 IMAP4 协议比 POP3 协议更高级。IMAP4 协议支持客户机在线或离线访问服务器上的邮件，以及交互操作服务器上的邮件。IMAP4 协议更人性化的地方是无须像 POP3 协议那样把邮件下载到本地，用户可以通过客户端直接对服务器上的邮件进行操作。用户还可以在服务器上维护自己的邮件目录。

（3）电子邮件地址的格式。电子邮件地址的格式由三部分组成。例如，user@mail.server.name 中的第一部分"user"代表用户信箱的账号，对于同一个邮件接收服务器来说，这个账号必须是唯一的；第二部分"@"是分隔符；第三部分是用户信箱的邮件接收服务器域名，用于标识其所在的位置。

4. 电子商务

电子商务即以信息网络技术为手段，以商品交换为中心的商务活动；我们也可以将其理解为在互联网、企业内部网和增值网上以电子交易方式进行交易和相关服务的活动，电子商务是传统商业活动各环节的电子化、网络化、信息化后的产物。以互联网为媒介的商业行为均属于电子商务的范畴。

电子商务通常指在全球各地广泛的商业贸易活动中，在因特网开放的网络环境下，基于客户端/服务端应用方式，买卖双方不见面地进行各种商贸活动，实现消费者的网上购物、商户之间的网上交易和在线电子支付及各种商务活动、交易活动、金融活动和相关综合服务活动的一种新型商业运营模式。各国政府、学者、企业界人士根据自己所处的环境，以及参与电子商务的程度，给出了许多不同的定义。

电子商务的形成与交易离不开以下四个方面。

（1）交易平台。电子商务平台是指在电子商务活动中为交易双方或多方提供交易撮合及相关服务的信息网络系统总和。

（2）交易平台经营者。交易平台经营者是指在工商行政管理部门登记注册并领取营业执照，从事第三方交易平台运营并为交易双方提供服务的自然人、法人和其他组织。

（3）交易平台站内经营者。交易平台站内经营者是指在电子商务交易平台上从事交易及有关服务活动的自然人、法人和其他组织。

（4）支付系统。支付系统是由提供支付清算服务的中介机构，以及实现支付指令传送和资金清算的专业技术手段共同组成的，用于实现债权、债务清偿及资金转移的一种金融安排，有时也被称为清算系统。

2.3　网络安全

随着计算机和网络应用的日益普及，很多敏感信息，甚至是国家机密都在网络中存储和传递，因此难免会受到各种网络攻击和威胁，如信息泄漏、信息窃取、数据篡改、数据删除和添加、计算机病毒等。这会给国家、公司和个人造成巨大的经济损失，甚至危及国家和地区安全，因此必须对这些问题给予足够的重视，并加以解决。

2.3.1　网络安全概述

网络安全，通常指计算机网络的安全，实际上也可以指计算机通信网络的安全。计算机网络的根本目的在于资源共享，通信网络是实现网络资源共享的途径，因此，为保障计算机网络的安全，相应的计算机通信网络也必须是安全的，这样才能为网络用户实现安全的信息交换与资源共享。

1. 网络安全的主要特性

网络安全的主要特性一般包括保密性、完整性、可用性、可控性和不可抵赖性，涉及政务、国防、科研、经济、能源、教育、医疗、运输、通信、电力等领域。

（1）保密性指信息不泄露给非授权用户、实体或过程，以及供其利用的特性，即网络中的信息不被非授权实体获取与使用。这些信息不仅包括国家机密，也包括企业和社会团体的商业机密和工作机密，还包括个人信息。被保密的信息既包括网络中传输的信息，也包括存储在计算机系统中的信息。

（2）完整性指数据未经授权不能进行改变的特性，即信息在存储或传输过程中保持不被修改、不被破坏和丢失的特性。除数据本身不能被破坏外，数据的完整性还要求数据的来源具有正确性和可信性，也就是说必须首先验证数据是真实可信的，然后再验证数据是否被破坏。影响数据完整性的因素主要有蓄意破坏、设备故障和自然灾害等。

（3）可用性是指对信息或资源的期望使用能力，即可授权实体或用户访问并按要求使用信息的特性。简单地说，就是保证信息在需要时能为授权者所用，防止由于主、客观因素造成系统拒绝服务。

（4）可控性是人们对信息的传播路径、范围及其内容所具有的控制能力，即不允许不良内容通过公共网络进行传输，使信息在合法用户的有效掌控之中。

（5）不可抵赖性也被称为不可否认性。在信息交换过程中，确信参与方的真实同一性，即所有参与者都不能否认和抵赖曾经完成的操作和承诺。简单地说，就是信息发送方发送不能否认发送过信息，信息接收方不能否认接收到信息。利用信息源证据可以防止信息发送方否认已发送过信息，利用接收证据可以防止信息接收方否认已接收到信息。

2. 网络安全隐患

（1）Internet 在设计上是一个开放的、无控制机构的网络，这样黑客就可以入侵网络中的计算机系统，或者窃取机密数据，或者盗用特权，或者破坏重要数据，或者使系统功能得不到充分发挥，或者致使系统瘫痪。Internet 的数据传输使用 TCP/IP 等通信协议，缺乏使信息在传输过程中不被窃取的安全措施。同时在 Internet 上的通信业务大多由 Unix 操作系统支持，Unix 操作系统安全性脆弱，直接影响安全服务。

（2）在计算机上存储、传输和处理的信息的来源和去向是否真实、内容是否被改动，以及是否泄露等，应通过完善应用层的服务协议机制来维系。

（3）计算机病毒通过 Internet 传播给用户所使用的已连接网络的计算机，进而带来极大的危害，计算机病毒可以使计算机和计算机网络系统瘫痪，数据和文件丢失。计算机病毒在网络上可以通过公共匿名 FTP 文件传播，也可以通过电子邮件和电子邮件的附件传播。

2.3.2 计算机病毒

根据《中华人民共和国计算机信息系统安全保护条例》中的定义，计算机病毒是指编制或者在计算机程序中插入的破坏计算机功能或者毁坏数据、影响计算机使用，并能自我复制的一组计算机指令或者程序代码。

1. 计算机病毒特征

（1）寄生性。计算机病毒必须在宿主中寄生才能生存，才能更好地发挥其功能，并破坏宿主的正常机能。通常情况下，计算机病毒都是在其他正常程序或数据中寄生的，在此基础上利用一定媒介实现传播，在宿主计算机实际运行的过程中，一旦达到某种设置条件，计算机病毒就会被激活，随着程序的启动，计算机病毒会对宿主计算机中的文件进行不断地辅助、修改，使其破坏作用得以发挥。

（2）破坏性。计算机病毒入侵计算机，往往具有极大的破坏性，能够破坏数据信息，甚至造成大面积的计算机瘫痪，对计算机用户造成较大的损失。如常见的木马、蠕虫等计算机病毒，可以大范围地入侵计算机，为计算机带来安全隐患。

（3）传染性。计算机病毒的另一大特征是传染性，能够通过 U 盘、网络等途径入侵计算机。在入侵之后，往往可以实现病毒扩散，感染未感染的计算机，进而造成计算机大面积瘫痪等事故。随着网络信息技术的不断发展，在短时间之内，计算机病毒能够实现大范围恶意入侵。因此，在计算机病毒的安全防御中，如何面对快速的病毒传染，成为有效防御病毒的重要基础，也是构建防御体系的关键。

（4）潜伏性。一般情况下，计算机病毒感染系统后，并不会立即发作攻击计算机，而是有一段时间的潜伏期。潜伏期一般由计算机病毒程序编制者设定的触发条件来决定。

（5）隐蔽性。计算机病毒不易被发现，这是因为计算机病毒具有较强的隐蔽性。计算机病毒往往以隐含文件或程序代码的方式存在，使用普通的病毒查杀软件，难以实现及时有效的查杀。计算机病毒可能伪装成正常程序，难以被发现。并且，一些计算机病毒被设计成病毒修复程序，诱导用户使用，进而实现病毒植入，入侵计算机。因此，计算机病毒的隐蔽性，使得计算机安全防范处于被动状态，存在严重的安全隐患。

2. 计算机病毒分类

按照感染方式，把计算病毒分为以下几种。

（1）引导区型病毒。引导区型病毒通过软盘在操作系统中传播，感染引导区并蔓延到硬盘，特别是感染硬盘中的"主引导记录"。

（2）文件型病毒。文件型病毒也被称为"寄生病毒"。它运行在计算机存储器中，通常感染扩展名为 COM、EXE、SYS 等类型的文件。

（3）混合型病毒。混合型病毒具有引导区型病毒和文件型病毒两者的特点。

（4）宏病毒。宏病毒是一种使用 BASIC 语言编写，并寄存在 Office 文档上的宏代码，能够影响对文档的各种操作。

（5）网络病毒。网络病毒是一种可以通过网络传播，同时破坏某些网络组件（如服务器、客户端、交换器和路由设备）的计算机病毒。

3. 网络病毒的危害

（1）系统运行缓慢。病毒运行时不仅要占用内存，还会中断、干扰系统运行，使系统运行缓慢。有些病毒能控制程序及系统的启动程序，当系统刚开始启动或一个应用程序被载入时，这些病毒将执行它们的动作，因此系统会花更多时间来载入程序。对于一个简单的工作，磁盘所花费的时间似乎比预期更长。例如，储存一页的文字若需一秒，但病毒可能会花更长时间来寻找未感染文件。

（2）消耗计算机资源。如果用户并没有读/写磁盘，但磁盘指示灯狂闪不停，那么这可能预示着计算机已经受到病毒感染了。很多病毒在活动状态下都是常驻内存的，如果计算机并没有运行很多程序而系统内存却被大量占用，这有可能是病毒在作怪。一些文件型病毒的传播速度很快，在短时间内感染大量文件，每个文件都不同程度地加长了，造成磁盘空间的严重浪费。

（3）破坏硬盘和数据。引导区型病毒会破坏硬盘引导区信息，使计算机无法启动，硬盘分区丢失。如果计算机读取了 U 盘后，再也无法启动，而且使用其他系统启动盘也无法进入，则很有可能中了引导区病毒。此外，一些系统文件或应用程序在正常情况下的大小是固定的，如果用户发现这些程序的大小与原来的大小不一样，那么十有八九是病毒在作怪。

（4）窃取隐私账号。据统计，近年来的木马病毒在计算机病毒中的比重已占七成左右。而其中大部分木马病毒都以窃取用户信息、获取经济利益为目的，如窃取用户资料、网银账号密码、网游账号密码等。一旦这些信息失窃，将给用户带来经济损失。

4. 病毒防治原则与策略

（1）强化网络用户安全防范意识。网络病毒会存在于文档中，计算机用户应强化自身的安全防范意识，不随意单击和下载陌生的文档，从而降低计算机感染网络病毒的概率。此外，在浏览网页时，不要轻易打开陌生的网页，主要原因是网页、弹窗中可能存在恶意的程序代码。网页病毒是传播广泛、破坏性强的网络病毒程序，所以计算机用户要强化自身的网络安全及病毒防范意识，严格规范自身的网络行为，拒绝浏览非法的网站，避免出现损失，也防止计算机遭到网络病毒的侵害。

（2）及时更新计算机系统。计算机系统会定期检测自身的漏洞，操作系统的供应商也会发布系统的补丁，计算机的网络用户应及时下载这些补丁并安装，避免网络病毒通过系统漏洞入侵计算机，进而造成无法估计的损失。计算机用户应及时对系统进行更新，维护计算机的安全，此外关闭不用的计算机端口，并及时升级已安装的杀毒软件，利用这些杀毒软件能有效地监控网络病毒，从而对病毒进行有效的防范。

（3）安装防火墙。在计算机网络的内、外网接口位置安装防火墙也是维护计算机安全的重要措施，防火墙能够有效隔离内网与外网，提高计算机网络的安全性。如果网络病毒攻击计算机，首先就要避开和破坏防火墙，因此防火墙的作用非常关键。防火墙的开启等级是不同的，计算机用户应自主选择相应的等级。

（4）安装杀毒软件。大多数杀毒软件能够全天候地对计算机进行监测，实时监测网络病毒，并且杀毒软件及病毒库的及时更新能够应对新型的网络病毒。杀毒软件能够很好地对网络病毒进行查杀，即使计算机系统已出现中毒现象，我们也可以在较短的时间内利用杀毒软件对计算机系统进行查杀。同时，杀毒软件不会占用太多系统资源，有时计算机的运行速度比较慢是因为杀毒软件在过滤网络病毒。

（5）做好数据文件的备份。网络病毒入侵计算机后，会导致计算机系统出现瘫痪，所以用户在日常使用过程中要备份计算机中的重要数据与文件，通过这样的方法减少网络病毒对计算机的侵害。

2.3.3 常见网络攻击

1. DDoS 攻击

分布式拒绝服务攻击（Distributed Denial of Service，DDoS）是指处于不同位置的多个攻击者同时向一个或数个目标发动攻击，或者一个攻击者控制了位于不同位置的多台机器，并利用这些机器对受害者同时实施攻击。由于攻击的发出点是分布在不同地方的，所以这类攻击被称为分布式拒绝服务攻击，其中的攻击者可以有多个。

分布式拒绝服务攻击是一种基于 DoS 的特殊形式的拒绝服务攻击，它是一种分布的、协同的大规模攻击方式。单一的 DoS 攻击一般采用一对一的方式，它利用网络协议和操作系统的一些缺陷，采用欺骗和伪装的策略进行网络攻击，使网站服务器充斥着大量要求回复的信息，消耗网络带宽或系统资源，导致网络或系统不胜负荷以至于瘫痪，进而停止提供正常的网络服务。分布式拒绝服务攻击的本质是借助数百台，甚至数千台被入侵后安装了攻击进程的主机同时发起的团队行为。

一个完整的 DDoS 攻击体系由攻击者、主控端、代理端和攻击目标四部分组成。主控端和代理端分别用于控制和发起实际攻击，其中主控端只发布命令而不参与实际攻击，代理端发出 DDoS 的实际攻击包。对于主控端和代理端的计算机，攻击者有控制权或部分控制权，它在攻击过程中会利用各种手段隐藏自己而不被别人发现。真正的攻击者一旦将攻击的命令传送到主控端中，攻击者就可以关闭或离开网络，而由主控端将命令发布到各代理主机上，这样攻击者就可以逃避追踪。每个攻击代理主机都会向目标主机发送大量的服务请求数据包，这些数据包经过伪装，无法识别它的来源，而且这些数据包所请求的服务往往要消耗大量的系统资源，造成目标主机无法为用户提供正常的服务，甚至导致系统崩溃。

2. 木马病毒

木马病毒是指隐藏在正常程序中的一段具有特殊功能的恶意代码，是具备破坏和删除文件、发送密码、记录键盘和攻击 DoS 等特殊功能的后门程序。

木马病毒表面上是无害的，甚至对没有警戒的用户还颇有吸引力，但实际上木马病毒隐藏着恶意，它们经常隐藏在游戏或图形软件中。这些表面上看似友善的程序运行后，就会进行一些破坏行动，如删除文件或对硬盘格式化。

完整的木马病毒一般由两部分组成：服务器端和控制器端。木马病毒通常是基于计算机网络的，它是一种基于客户端和服务端的通信、监控程序。客户端程序用于黑客远程控制，可以发出控制命令，接收服务端传来的信息。服务端程序运行在被控制的计算机上，一般隐藏在被控制的计算机中，可以接收客户端发来的命令并执行，将客户端需要的信息发回。中了木马病毒就是指受控者的计算机安装了木马病毒的服务器端程序，而拥有相应客户端的人可以通过网络控制受控者的计算机，计算机上的各种文件、程序、账号、密码就无安全性可言了。

运行在服务端的木马病毒首先隐匿自己的行踪，伪装成合法的通信程序，然后采用修改系统注册表的方法设置触发条件，保证自己可以被执行，并且可以不断监视注册表中的相关内容。木马病毒发现自己的注册表被删除或被修改时，可以自动修复。

3. 口令攻击

攻击者攻击目标时常常把破译用户的口令作为攻击的开始。只要攻击者能猜测或确定用户的口令，他就能获得机器或网络的访问权，并能访问任何资源。黑客通过获取系统管理员或其他特殊用户的口令，获得系统的管理权，窃取系统信息、磁盘中的文件，甚至对系统进行破坏。常见的攻击类型如下。

（1）词典攻击。词典攻击指使用一个包含大多数单词的词典文件，用这些单词猜测用户口令。由于多数人使用普通词典中的单词作为口令，所以使用一部拥有 1 万个单词的词典一般能猜测出系统中70%的口令。在多数系统中，和尝试所有的组合相比，词典攻击能在很短的时间内完成攻击。

（2）强行攻击。许多人认为如果使用足够长的口令，或者使用足够完善的加密模式，就能形成一个攻不破的口令。其实如果有速度足够快的计算机能尝试字母、数字、特殊字符的所有组合，那么最终能破解所有口令，这种攻击方式即强行攻击。使用强行攻击，先从字母a开始，尝试aa、ab、ac等，然后尝试aaa、aab、aac……

2.3.4 网络安全策略

网络中的信息面临来自各方面的安全威胁，为保障网络信息安全，必须构建完整的网络信息安全保护体系：对信息进行加密的密码体制、访问控制、防火墙、入侵检测和互联网安全协议。

1. 密码体制

密码体制是完成加密和解密的算法。通常，数据的加密和解密过程是通过密码体制和密钥完成的。密码体制的安全性依赖于密钥的安全性，现代密码学不追求加密算法的保密性，而是追求加密算法的完备性，使攻击者在不知道密钥的情况下，没有办法从算法中找到突破口。

通常情况下，一个密码体制由 M，C，K，E，D 五个部分组成，如图2-14所示，各元组的含义如下：

M：明文信息空间，是全体明文的集合。

C：密文信息空间，是全体密文的集合。

K：密钥空间，是全体密钥的集合，其中每个密钥均由加密密钥和解密密钥组成。

E：加密算法，是由 M 到 C 的加密变换。

D：解密算法，是由 C 到 M 的加密变换。

图2-14 密码体制

密码体制根据加密密钥和解密密钥是否相同分为对称加密和非对称加密。

（1）对称加密。对称密码体制是一种传统密码体制，也被称为私钥密码体制。在对称加密系统中，加密和解密采用相同的密钥。因为加密密钥、解密密钥相同，通信的双方必须选择并保存他们共同的密钥，各方必须信任对方不会将密钥泄密出去，这样就可以实现数据的机密性和完整性。比较典型的算法有 DES 算法及其变形算法3DES、GDES、IDEA、FEAL- N 和 RC5 等。

（2）非对称加密。非对称密码体制也被称为公钥加密技术，在该加密系统中，加密和解密是独立的，分别使用两把不同的密钥。这两个密钥是数学相关的，某用户使用密钥加密后所得的信息只能用该用户的解密密钥才能解密。如果知道了其中一个密钥，并不能计算出另外一个密钥。因此如果公开了一对密钥中的一个密钥，并不会危害到另外一个密钥的秘密性质。公钥密码体制算法中最著名的代表是 RSA 系统，此外还有背包密码、Mceliece 密码、Diffe-Hellman、Rabin、零知识证明、椭圆曲线、Eigamal 算法等。

（3）其他密码技术。密码技术提供了基于密码体制的机密性，此外，用于检验消息是否被篡改的完整性及用于确认对方是否是本人的认证等都是密码技术的重要组成部分。

①单向散列函数。单向散列函数又被称为单向 Hash 函数或杂凑函数，可以把任意长度的输入消息串转换成固定长度的输出消息串，且由输出值很难得到输入值的一种函数。

根据同一函数，如果两个散列值是不相同的，那么这两个散列值的原始输入值也是不相同的。这个特性是散列函数具有确定性导致的。但另一方面，散列函数的输入值和输出值不是一一对应的，如果两个散列值相同，则两个输入值很可能是相同的，但两者不一定相等。输入一些数据计算出散列值，然后改变部分输入值，一个具有强混淆特性的散列函数会产生一个完全不同的散列值。

单向散列函数的安全性是它的单向性导致的，其输出值不依赖于输入值。平均而言，输入值中预映射值单个位的改变，将引起散列值中一半位的改变。已知一个散列值，要找到预映射值，使它的散列值等于已知的散列值在计算上是不可行的。单向散列函数的安全性使它能用于完整性校验和提高数字签名的有效性。

②消息认证码。信息认证技术通过严格限定信息的共享范围来防止信息被非法伪造、篡改和假冒，是实现信息完整性的重要保证。一个安全的信息认证方案应该能使合法的接收者验证他收到的消息是否真实；发信者无法抵赖自己发出的消息；除合法发信者外，别人无法伪造消息；发生争执时可由第三方进行仲裁。

按照具体应用目的，信息认证技术可分为消息确认、身份确认和数字签名。消息确认使约定的接收者能够验证消息是不是由约定发送者发出的，并且是在传输过程中未被篡改过的。身份确认使得用户的身份能够被正确判定。最简单却最常用的身份确认方法包括个人识别号、口令（密码）、个人特征（如指纹）等。数字签名与日常生活中的手写签名的效果一样，它不仅能使消息接收者确认消息是否来自合法方，而且可以为仲裁者提供发信者对消息签名的证据。

③数字签名。数字签名（又被称为公钥数字签名）是只有信息发送者才能产生的别人无法伪造的一段数字串，这段数字串也是一种对信息发送者发送信息行为的真实性的有效证明。一套数字签名通常定义两种互补的运算：一个用于签名，另一个用于验证。数字签名是非对称密钥加密技术与数字摘要技术的应用。签名的时候用私钥，验证签名的时候用公钥。

简单地说，所谓数字签名就是附加在数据单元上的一些数据，或者是对数据单元所做的密码变换。这种数据或变换允许数据单元的接收者确认数据单元的来源和数据单元的完整性并保护数据，防止被人（如接收者）伪造。数字签名是一种对电子形式的消息进行签名的方法，一个签名消息能在一个通信网络中传输。基于公钥密码体制和私钥密码体制都可以获得数字签名，目前比较常用的数字签名是基于公钥密码体制的数字签名。

④伪随机数生成器。伪随机数是指用确定的算法计算出自[0，1]均匀分布的随机数序列。伪随机数并不是真正的随机数，但具有类似随机数的统计特征，如均匀性、独立性等。在计算伪随机数时，若使用的初值（种子）不变，那么伪随机数的顺序也不变。伪随机数可以用计算机大量生成，在模拟研究中为了提高模拟效率，一般用伪随机数代替真正的随机数。在模拟研究中，一般使用循环周期极长并能通过随机数检验的伪随机数，以保证计算结果的随机性。

根据密码学原理，随机数的随机性检验可以分为三个标准。

·统计学伪随机性。统计学伪随机性是指在给定的随机比特流样本中，1和0的数量大致相等，同理，"10""01""00"和"11"四者的数量大致相等。类似的标准被称为统计学伪随机性。

·密码学安全伪随机性。密码学安全伪随机性是指给定随机样本的一部分和随机算法，不能有效地演算出随机样本的剩余部分。

·真随机性。真随机性是指随机样本不可重现。实际上只要给定边界条件，真随机数并不存在，可是如果产生一个真随机数样本，其边界条件十分复杂且难以捕捉（比如计算机当地的本底辐射波动值），那么可以认为用伪随机数生成器演算出了真随机数。

相应的，随机数也分为三类。

·伪随机数。伪随机数是指满足统计学伪随机性的随机数。

·密码学安全的伪随机数。密码学安全的伪随机数是指同时满足统计学伪随机性和密码学安全伪随机性的随机数。可以通过密码学安全伪随机数生成器计算得出。

·真随机数。真随机数是指同时满足统计学伪随机性、密码学安全伪随机性和真随机性的随机数。

随机数在密码学中非常重要，在保密通信中，生成大量的会话密钥需要真随机数的参与。如果一个随机数生成算法是有缺陷的，那么会话密钥可以直接被推算出来。如果发生这种事故，那么任何加密算法都失去意义了。

（4）混合密码系统。混合密码系统是一种将对称密码和公钥密码的优势相结合的密码系统。在混合密码系统中，用对称密码来加密消息，用公钥来加密对称加密的密钥。通常来说，对称加密的密钥是通过伪随机数生成器生成的。混合密码系统综合使用了伪随机数生成器、对称密码和公钥密码这三种技术。

混合密码系统的加密过程如下。

①使用伪随机数生成器生成会话密钥。

②使用该会话密钥加密明文，生成密文。

③使用之前约定好公钥，以便加密会话密钥。

④将加密过后的会话密钥和密文合并，组成混合的密文。

混合密码系统的解密过程如下。

①接收者收到混合的密文，根据约定分别得到加密后的会话密钥和密文。

②接收者使用自己的私钥解密加密后的会话密钥，得到会话密钥。

③接收者使用会话密钥解密密文，得到明文。

2. 访问控制

访问控制是指防止对任何资源进行未授权的访问，从而使计算机系统在合法的范围内使用。可以按用户身份及其归属的某项定义组来限制用户对某些信息的访问，或者限制用户对某些控制功能的使用。访问控制通常用于系统管理员控制用户对服务器、目录、文件等网络资源的访问。主要包括防止非法的主体进入受保护的网络资源；允许合法用户访问受保护的网络资源；防止合法的用户对受保护的网络资源进行非授权的访问。

访问控制可分为自主访问控制、强制访问控制和基于角色的访问控制。

（1）自主访问控制。自主访问控制是指用户有权对自身创建的访问对象（文件、数据表等）进行访问，并可将对这些对象的访问权授予其他用户，或者从已授予权限的用户那里收回其访问权限。

（2）强制访问控制。强制访问控制是指系统（通过专门设置的系统安全员）对用户创建的对象进行统一的强制性控制，按照规定的规则决定哪些用户可以对哪些对象、哪些操作系统进行什么类型的访问，即使是创建者用户，在创建一个对象后，也可能无权访问该对象。

（3）基于角色的访问控制。角色是一定数量的权限的集合，指完成一项任务必须访问的资源及相应操作权限的集合。角色作为一个用户与权限的代理层，表现为权限和用户的关系，所有的授权应该给予角色而不直接给用户或用户组。

基于角色的访问控制是通过对角色的访问所进行的控制，使权限与角色相关联，用户通过成为适当角色的成员而得到相应的角色权限，可极大地简化权限管理。为完成某项工作而创建角色，用户可依其责任和资格分派相应的角色，角色可依据新需求与系统合并赋予新权限，而权限也可根据需要从某角色中收回。这样做减小了授权管理的复杂性，降低了管理开销，提高了企业安全策略的灵活性。

3. 防火墙

防火墙将内部网和公众访问网（如 Internet）分开，是一种建立在现代通信网络技术和信息安全技术基础上的应用性安全技术、隔离技术。防火墙已越来越多地应用于专用网络与公用网络等环境中，尤其以接入 Internet 网络最具代表性。

（1）防火墙功能。防火墙对流经它的网络通信内容进行扫描，这样能够过滤掉一些攻击，以免它们在目标计算机上被执行。防火墙还可以关闭不使用的端口，而且它还能禁止特定端口的流出通信，封锁特洛伊木马。最后，防火墙可以禁止来自特殊站点的访问，从而防止来自不明入侵者的所有通信。

①记录计算机网络中的数据信息。数据信息对于计算机网络建设工作有着积极的促进作用，同时它对计算机网络安全也有影响。通过防火墙技术能够收集计算机网络在运行过程中的数据传输、信息访问等多方面的内容，同时对收集的信息进行分类、分组，借此找出其中存在安全隐患的数据信息，采取针对性的措施进行解决，有效防止这些数据信息影响计算机网络的安全。此外，工作人员在对防火墙记录的数据信息进行总结之后，能够明确不同类型的异常数据信息的特点，借此机会能够有效提高计算机网络风险防控工作的效率和质量。

②防止工作人员访问存在安全隐患的网站。在所有的计算机网络安全问题中，有相当一部分问题是工作人员进入了存在安全隐患的网站导致的。通过应用防火墙技术能够对工作人员的操作进行实时监控，一旦发现工作人员即将进入存在安全隐患的网站，防火墙就会立刻发出警报，从而有效防止工作人员误入存在安全隐患的网站，提高访问工作的安全性。

③控制不安全服务。计算机网络在运行的过程中会出现许多不安全服务，这会严重影响计算机网络的安全。通过应用防火墙技术能够有效降低工作人员的实际操作风险，能够将不安全服务有效拦截下来，有效防止非法攻击对计算机网络安全造成影响。此外，通过防火墙技术还能够实现对计算机网络中的各项工作进行监控，从而使得计算机用户的各项工作能够在一个安全可靠的环境下进行，有效防止各类计算机网络问题给用户带来经济损失。

（2）主要类型。防火墙技术具有一定的抗攻击能力，对于外部攻击具有自我保护作用，随着计算机技术的进步，防火墙技术也在不断发展。

①过滤型防火墙。过滤型防火墙在网络层与传输层中，可以基于数据源头的地址及协议类型等标志特征进行分析，确定信息是否可以通过。在符合防火墙规定下，满足安全性能及类型要求才可以进行信息的传递，而一些不安全的信息则会被防火墙过滤、阻挡。

②应用代理型防火墙。应用代理型防火墙的主要工作范围在 OSI 的最高层，即位于应用层之中，通过特定的代理程序实现对应用层的监督与控制。

③复合型防火墙。目前应用比较广泛的防火墙技术当属复合型防火墙技术，综合了过滤型防火墙技术及应用代理型防火墙技术的优点。例如，如果发过来的安全策略是包过滤策略，那么可以针对报文的报头部分进行访问控制；如果安全策略是代理策略，那么可以针对报文的内容进行访问控制。因此复合型防火墙技术综合了其组成部分的优点，同时摒弃了两种防火墙技术的原有缺点，大大提高了防火墙技术在应用实践中的灵活性和安全性。

（3）防火墙关键技术。

①包过滤技术。防火墙的包过滤技术一般只应用于 OSI 模型的网络层的数据，它能够完成对防火墙的状态检测，从而可以预先确定逻辑策略。逻辑策略主要针对地址、端口与源地址，所有通过防火墙的数据都要进行分析，如果数据包内具有的信息和策略要求是不相符的，则数据包就能够顺利通过；如果是完全相符的，则数据包就被迅速拦截。在计算机数据包传输的过程中，数据包一般都会被分解成很多由目的地址等组成的一种小型数据包，当它们通过防火墙的时候，尽管数据包能够通过很多传输路径进行传输，但最终都会汇合于同一地方，在这个目地地址，所有的数据包都要经过防火墙的检测，当检测合格后，才被允许通过，如果在传输的过程中，出现数据包丢失及地址变化等情况，则数据包会被抛弃。

②加密技术。在计算机信息传输的过程中，借助防火墙还能够有效地实现信息的加密，通过这种加密技术，相关人员就能够对传输的信息进行加密。其中信息密码由信息交流的双方进行掌握，对信息进行接收的人员要对加密的信息实施解密处理后，才能获取传输的信息。在防火墙加密技术的应用中，要时刻注意信息加密处理安全性的保障。此外，

若想实现信息的安全传输，则应做好用户身份的验证，在进行加密处理后，信息的传输应对用户授权，然后要对信息接收方及发送方进行身份验证，从而建立信息安全传递的通道，保证计算机网络信息在传递过程中具有良好的安全性，非法分子无法拥有正确的身份验证条件，这样他们就不能对计算机网络信息实施入侵。

③防病毒技术。防火墙具有防病毒的功能，在防病毒技术的应用中，主要涉及病毒的预防、清除和检测等。就防火墙的病毒预防功能来说，在网络的建设过程中，通过安装相应的防火墙来对计算机和互联网之间的数据进行严格的控制，从而形成一种安全的屏障，以便对计算机外网及内网数据实施保护。计算机要想连接网络，一般都要借助网络互联设备，因此网络保护就要从主干网开始，对主干网的中心资源实施控制，防止服务器出现非法访问。为了杜绝外来非法入侵对信息的盗用，对在计算机连接端口所接入的数据，还要进行以太网和 IP 地址的严格检查，被盗用的 IP 地址会被丢弃，同时还要对重要信息资源进行全面记录，保障计算机网络信息具有良好的安全性。

④代理服务器。代理服务器是防火墙技术应用比较广泛的功能，根据计算机网络的工作原理，通过防火墙技术设置相应的代理服务器，从而借助代理服务器来进行信息交互。当信息数据从内网向外网发送时，这些信息数据就会携带着正确的 IP，非法攻击者能够将信息数据 IP 作为追踪的对象，让病毒进入内网中。如果使用代理服务器，就能够实现信息数据 IP 的虚拟化，非法攻击者在跟踪虚拟 IP 时，就不能获取真实的解析信息，从而实现对计算机网络的安全防护。另外，代理服务器还能进行信息数据的中转，对计算机内网及外网信息的交互进行控制，对计算机网络的安全起到保护作用。

4. 入侵检测

入侵检测系统（Intrusion Detection System，IDS）是一种对网络传输进行即时监视，在发现可疑传输时发出警报或采取主动反应措施的网络安全设备。IDS 是计算机的监视系统，它通过实时监视，一旦发现异常情况就发出警告。它与其他网络安全设备的不同之处为 IDS 是一种积极主动的安全防护技术。IDS 最早出现于 1980 年 4 月。在 20 世纪 80 年代中期，IDS 逐渐发展成为入侵检测专家系统（IDES）。1990 年，IDS 分化为基于网络的 IDS 和基于主机的 IDS，后又出现分布式 IDS。

不同于防火墙，IDS 入侵检测系统是一个监听设备，没有跨接在任何链路上，无须任何流经的网络流量便可以工作。因此，对 IDS 的部署，唯一的要求是 IDS 应当挂接在所有关注的流量都必须流经的链路上。在这里，"关注的流量"指的是来自高危网络区域的访问流量和应当进行统计、监视的网络报文。在如今的网络拓扑结构中，已经很难找到以前的 HUB 式的共享介质冲突域的网络，绝大多数网络区域已经升级到交换式的网络结构。因此，IDS 在交换式网络结构中的位置一般选择在尽可能靠近攻击源或尽可能靠近受保护资源的位置。这些位置通常在服务器区域的交换机上、Internet 接入路由器之后的第一台交换机上、重点保护网段的局域网交换机上。由于入侵检测系统在近几年飞速发展，所以许多公司都加大了对这一领域的投入，Venustech、Internet Security System（ISS）、思科、赛门铁克等公司都推出了自己的产品。

（1）系统组成。一个入侵检测系统包括四个组件，如图 2-15 所示。

①事件发生器（Event Generators）。事件发生器可以从整个计算环境中获得事件并向系统的其他部分提供此事件。

②事件分析器（Event Analyzers）。经过事件分析器分析得到数据，并产生分析结果。

③响应单元（Response Units）。响应单元是指对分析结果能够做出反应的功能单元。响应单元可以切断连接、改变文件属性等强烈反应，也可以只发出简单的报警。

④事件数据库（Event Databases）。事件数据库是存放各种中间和最终数据的地方的统称，它可以是复杂的数据库，也可以是简单的文本文件。

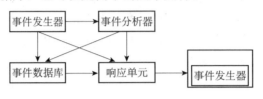

图2-15 入侵检测系统

（2）安全策略。入侵检测系统根据入侵检测的行为分为两种模式：异常检测和误用检测。前者先要建立一个系统访问正常行为的模型，凡是访问者做出不符合这个模型的行为将会被断定为入侵；后者则相反，先要将所有可能发生的不利的、不可接受的行为归纳并建立一个模型，凡是访问者做出符合这个模型的行为将被断定为入侵。

这两种模式的安全策略是完全不同的，而且它们有各自的长处和短处：异常检测的漏报率很低，但是不符合正常行为模式的行为并不见得就是恶意攻击，因此这种策略误报率较高；误用检测由于直接匹配并比对异常的不可接受的行为模式，所以误报率较低，但恶意行为千变万化，可能没有被收集在行为模式库中，因此漏报率就很高。这就要求用户必须根据本系统的特点和安全要求制定策略，选择行为检测模式。现在用户普遍采取两种模式相结合的策略。

5. 互联网安全协议

互联网已经日渐融入人类社会的方方面面，网络防护与网络攻击之间的斗争也将更加激烈，这就对网络安全技术提出了更高的要求。网络安全协议是营造网络安全环境的基础，是构建安全网络的关键技术。设计并保证网络安全协议的安全性和正确性能够从基础上保证网络安全，避免因网络安全等级不够而导致网络数据信息丢失或文件损坏等信息泄露问题。在计算机网络应用中，人们对计算机通信的安全协议进行了大量的研究，以提高网络信息传输的安全性。

20世纪90年代以来，针对电子交易安全的要求，IT业界与金融行业一起，推出了很多有效的安全交易标准和技术。主要的协议标准如下。

（1）安全超文本传输协议。安全超文本传输协议（S-HTTP）依靠对密钥的加密，保障Web站点之间的交易信息传输的安全性。

（2）安全套接层协议。安全套接层协议（SSL）是一种由Netscape公司提出的安全交易协议，该协议可以提供加密服务、认证服务和报文的完整性。SSL被用于Netscape Communicator和Microsoft IE浏览器，以完成需要的安全交易操作。

（3）安全交易技术协议。安全交易技术协议（STT）由Microsoft公司提出，STT将认证和解密在浏览器中分离开，用于提高安全控制能力。Microsoft 在 Internet Explorer 中采用这一技术。

（4）安全电子交易协议。1996 年 6 月，由 IBM、Mastercard International、Visa International、Microsoft、Netscape、GTE、Verisign、SAIC、Terisa 共同制定的标准安全电子交易协议（SET）正式发布。1997 年 5 月，SET Specification Version 1.0 正式发布，它涵盖了信用卡在电子商务交易中的交易协定、信息保密性、资料完整性及数据认证服务、数据签名规则等。

SET 2.0 协议于 2011 年发布，它增加了一些附加的交易要求。这个版本是向后兼容的，因此符合 SET 1.0 协议的软件无须升级，除非它需要新的交易要求。SET 协议的主要目标是保障付款安全，确定应用的互通性，并使全球市场接受。

所有这些安全交易协议中，SET 协议以推广信用卡支付网上交易，而广受各界瞩目，它将成为网上交易安全通信协议的工业标准，有望进一步推动互联网电子商务市场。

2.3.5 后量子网络安全

21 世纪是信息的时代，除电子信息科学技术在继续高速发展外，量子和生物等新兴信息科学技术也在逐步发展。量子信息科学的研究和发展催生了量子计算机、量子通信和量子密码的出现。由于量子信息的特殊性，使得量子计算机具有天然的并行性。例如，当量子计算机对一个 n 量子比特的数据进行处理时，量子计算机实际上同时对 2^n 个数据状态进行了处理。正是这种并行性使得原来在电子计算机环境下的一些困难问题，在量子计算机环境下变得容易。

基于计算复杂度的经典加密体系，不管加密算法有多么复杂，都有被破解的可能性。值得注意的是，许多在电子计算机环境下比较安全的密码，在量子计算机环境下却是可破译的。目前可用于密码破译的量子计算的算法主要有以下几种：

（1）Grover 算法。1996 年，贝尔实验室的 Grover 提出了一种通用的量子搜索破译算法。Grover 搜索算法相当于把密码的密钥长度减少一半，对现有的密码体制构成了相当大的威胁。Grover 搜索算法的优点在于它的通用性，利用它既可以攻击对称密码又可以攻击公钥密码。但是它并没有对密码体制构成本质上的威胁，因为只要把密钥的长度加长一倍就可抵抗它的攻击。

（2）Shor 算法。1994 年，贝尔实验室的 Shor 提出了一种在量子计算机上求解大整数分解和离散对数问题的多项式时间量子算法，这便是Shor 算法。Shor 算法对基于大整数分解和离散对数问题的公钥密码产生了严重的威胁，如 RSA、ECC、Eigamal 等。值得注意的是，我国第二代居民身份证使用的是 256 位的椭圆曲线密码，电子商务系统中使用的是 1024 位的 RSA 密码。如果量子计算机走向实际应用，则这些密码体制将受到致命攻击。

综上可知，量子计算机对现有的密码构成了严重的威胁，威胁主要集中在基于大整数因子分解困难问题、有限域上的离散对数问题（DLP）及椭圆曲线上的离散对数问题（ECDLP）等涉及的公钥密码体制。

虽然量子计算机现在还远没有达到大规模使用的条件。但是，在量子计算时代人们该使用什么密码呢？针对前面提到的问题，专家们提出了后量子密码学（也被称为量子验证、量子安全或抗量子密码），后量子密码学指的是被量子计算机攻击时被认为安全的密码算法。研究表明，在密码学方面，抗量子计算的密码主要包括以下几类。

①基于成子物理学的密码。1969年，Wiesner首先提出量子密码的思想，但是直到1984年，Bennett和Brassard提出了著名的BB84协议，量子密码才重新进入研究者的视野，随后在量子密码方面取得了许多重要的成果。目前，量子密码的研究主要集中在量子秘密共享、量子密钥分配、量子密码算法、量子认证和量子密码的安全性分析等方面。

②基于生物学的DNA密码的发展。基因工程和生物计算的发展促使DNA密码出现。DNA密码的安全性是建立在生物困难问题上的，与计算困难问题是无关的，因此它可以抵抗量子计算攻击。DNA密码以现代的生物学DNA技术作为实现工具，利用DNA的高存储度和高并行性的特点，实现诸如加解密、签名及认证等密码学任务。

③基于数学困难问题的抗量子计算密码。与前两种密码体制相比，基于数学困难问题的抗量子计算密码有其独特的优势：研究方法在许多方面与现有密码保持一致。因此现有密码的成果通过转化可以使用，与现有密码兼容性好，密码系统升级容易。

习题2

（1）简要说明计算机网络中共享的资源有哪些？

（2）计算机网络发展有哪几个阶段？

（3）简述一个网络的基本组成。

（4）什么是网络拓扑结构？常见的网络拓扑结构有哪些？

（5）网络操作系统的主要功能是什么？

（6）绘制图形并用文字说明Internet中的数据传输过程。

（7）以下IP地址的网络类型分别是什么？

①128.36.199.4　　②21.12.240.17　　③192.12.69.248　　④89.3.0.1　　⑤200.3.6.2

（8）网络协议的三个要素是什么？各有什么含义？

（9）为什么要划分子网？子网掩码的作用是什么？

（10）电子邮件的地址格式是怎样的？请说明各部分的意思。

（11）结合所学内容并查阅相关资料，说明Internet能够提供哪些服务？

（12）为什么要采用IPv6技术？

（13）独立的个人计算机与联网的计算机各有什么优、缺点？

（14）简述拒绝服务攻击的概念和原理。

（15）简述病毒的定义及其破坏性的主要表现。

（16）防火墙的功能有哪些？防火墙可以分为哪些类型？

（17）入侵检测的工作原理。

（18）简述消息认证和身份认证的概念及两者的差别。

第3章　数据思维

3.1　数据思维的产生

数据思维和大数据这一对概念是相映成趣的。一般认为大数据是指无法在有限时间内用常规软件工具对其进行获取、存储、管理和处理的数据集合，其特征有：Volume（数据量大，一般 PB 级以上）、Variety（类型繁多，兼有结构化和非结构化的数据）、Velocity（速度快，这是由数据的产生速度、分析速度和处理速度所决定的）、Value（价值密度低但挖掘潜力大），这些特征常被总结为大数据的"4V"特征。从狭义上讲，大数据指那些具有4V 特征的数据本身，而从广义上讲，大数据还包括了能处理这类数据的人员、技术和组织。另外，每个行业在将大数据技术和本行业融合的过程中，从自身的特点出发，对以上一般性的认知进行修正，给出更契合本行业的"大数据"的定义。正是这些动态性，赋予了大数据无限的活力，成为时代的标记。

那么，和信息时代带给人们生产、生活、思维上的巨大影响一样，处于信息时代的高级阶段，即大数据时代，在影响人类进步的同时，给人们带来了思维上的变革。本章将从历史上那些曾经左右人类文明发展和进步的思想谈起。

3.1.1　科学研究上的四种范式

2007 年，图灵奖获得者、著名数据库专家吉姆·格雷（Jim Gray）博士提出，人类自古以来在科学研究上先后经历了经验、理论、计算和数据四种范式。在人类发展的初期，受认知水平和技术条件的限制，科学研究主要依靠实验和验证，众所周知的伽利略"两个铁球同时落地"的故事，就是这个时期的典型事例，这就是科学研究史上的第一种范式——实验科学。之后，随着数学学科的发展，以推理和演绎为特征的逻辑思维出现了，人类开始采用各种数学、几何、物理理论构建问题模型和解决方案，这一时期的典型事例就是牛顿力学体系的建立，这就是第二范式——理念科学。从第一台通用电子计算机诞生（1946年）并逐步融入人们的工作、生活起，人们逐渐依赖"计算（机）"解决问题，计算机仿真和计算成为科学研究的利器，它允许根据第二种范式中总结的理论来模拟复杂的现实世界问题，如材料科学中的典型事例——密度泛函理论（DFT）和分子动力学（MD）模拟，这就是第三种范式——计算科学。而现在为了处理和分析以 Web2.0、云计算和物联网推动的信息爆炸所产生的有质变性的、有"4V"特征的数据，以数据来驱动的科学应运而生，科学研究也转变为基于大数据的研究，即形成了第四范式——数据驱动科学或数据密集型科学。

虽然第三种范式和第四种范式都与计算机的应用相关，但两者是有本质区别的。在第三种范式中，一般先提出可能的理论，再搜集数据，然后通过计算来验证；而对于第四种范式，则先有了大量已知的数据，然后通过分析来发现之前未知的理论，这也是这种范式被定义为"数据驱动"的原因。

从信息时代到大数据时代，从计算机、网络、云计算、物联网到大数据，信息技术以某种量变到质变的趋势改变着人们的工作方式、生活方式、行为方式，以及思维方式。思维和现实到底是什么关系？是现实决定了思维还是思维决定了现实？这听起来像一个哲学命题，而且好比先有蛋还是先有鸡这类问题，不容易理清头绪。但不得不承认，人类的思维方式与他们所处的时代及所使用的工具有很大关系。培养符合时代发展脉搏的思维方式，才能帮助我们更好地融入时代。例如，以计算机技术为主导的信息时代，人们提出了要重视和培养人的"计算思维"，而以数据来驱动的大数据时代，人们也应该注意数据思维的养成。

3.1.2 信息时代与计算思维

信息时代是一个以计算机技术为主导的时代。从第一台通用电子计算机诞生（1946年）并逐渐融入人们的工作、生活起，人们逐渐依赖"计算（机）"解决问题，这种改变被计算机科学家周以真凝练为计算思维（2006年）。计算思维（Computational Thinking）是运用计算机科学的基础概念进行问题求解、系统设计，以及人类行为理解的涵盖计算机科学之广度的一系列思维活动，而抽象（Abstraction）和自动化（Automation）是计算思维的两大核心特征。从计算思维的视角看待世界，解决问题的关键在于识别问题的可计算性，这意味着人们要建立起一种像计算机科学家一样思考的思维方式。因此，贯穿整个问题分析和求解过程的就是抽象和自动化，即将问题抽象为计算机可以处理的形式，然后让计算机通过计算"自动"解决问题。

计算思维源于计算机科学，它的提出是与人们越来越多地依靠计算机解决问题的实践经历分不开的，但计算思维又高于计算机科学，它与实验思维、理论思维一样，是一种普世的思维习惯。也就是说，在一个以计算机为主要信息处理工具的时代，从事任何职业的人，甚至处于各年龄段的人都应该注意培养计算思维，因为只有把问题转化为计算机可以处理的形式，才可以充分发挥人机合作的力量。因此，计算思维应该和人的"听、说、读、写"一样，成为每个人应从小培养的必备技能，而不应只属于计算机相关专业的学生所掌握的技能。

3.1.3 大数据时代与数据思维

在大数据时代到来前的信息时代，人们把更多的关注点放在了"IT"（信息技术）中的"T"（技术）上。科学家和研究人员不断地研究和提升技术，一方面为了能够把更多问题转化为可计算问题，另一方面还要不断改进算法、优化算法，让计算机的计算能力、存储能力能够和问题所需的运算力相匹配。而现在大数据技术的出现让人们跳出了无法对海量数据进行存储和计算的桎梏，让人们有可能把精力放在"I"上，也就是信息本身——

数据。如果把重视技术比喻为"节流"的话，那么重视数据、让数据来驱动就是"开源"，是发展的突破口。

大数据时代有两大重要特征：一是每天有大量数据产生，二是这些数据可以通过大数据技术被存储、处理和利用。这种时代背景会给人们的思维带来怎样的影响呢？维克托·迈尔·舍恩伯格在其专著《大数据时代》中指出了大数据时代带给人们思维上的三种转变：全样而非抽样、效率而非精确、相关而非因果。他为人们勾勒出了数据思维最基本的轮廓。

1. 以全体数据取代随机样本（全数据思维模式）

小数据时代，由于技术条件的限制，总体的获得非常困难，人们依靠统计学上的采样方法来对部分数据进行获取，再依靠相应的规则对总体进行估计。这种方法对样本随机性的要求远高于对样本数量的要求。统计学家们已经证明：采样分析的精确性随着采样随机性的增加而大幅提高，但与样本数量的增加却关系不大。事实上，实现采样的随机性非常困难，一旦在采样过程中存在任何偏见，分析结果就会相差甚远。

大数据在传感器网络和云技术的支撑下，拥有了简单廉价的数据收集方法，足够的数据存储、处理和分析能力，实现了"样本=总体"的梦想。而当人们可以直接用总体进行分析时，随机性问题也就不再是问题了，甚至可能发现在随机采样时代无法发现的"细枝末节"。例如，在采样过程中，异常值通常是直接被去除的，而在"全数据"的前提下，异常值所代表的价值才会突显出来，这一技术常被用于检测信用卡诈骗和监测其他异常的金融行为。这是随机采样的一种固有缺陷，但在小数据时代，人们不得不容忍和习惯这一点。例如，统计学的一个目的就是用尽可能少的数据来证实尽可能重大的发现。这种习惯使人们形成了只关注宏观问题，只针对某一假设采集数据并只能回应这一假设的思维模式。人们习惯把统计抽样看作文明得以建立的牢固基石，看作把人类带向光明的先进技术，却不知这种技术的先天不足让人们无法发现那些存在于暗处的有用知识。

大数据时代由于数据存储和处理能力的极大提升，带给人们的第一个思维转变就是可以分析更多的数据，有时候甚至可以处理和某个特别现象相关的所有数据（样本=总体），而不再依赖于随机采样。大数据技术的引入使人们意识到，采样方式其实只是一种人为的限制。与局限在小数据范围相比，使用一切数据为人们带来了更高的准确性，也让人们看到了一些以前无法发现的细节——那些样本无法揭示的细节信息。

2. 以混杂性取代精确性（容错性思维模式）

传统的思维模式要求人们一再求精（precision）：数据要精确——小数据时代是以有限的样本来估计总体的，如果样本数据不精确，则会"失之毫厘、谬以千里"；算法要精确——小数据时代受限于单个 CPU 的计算能力、内存的容量，算法的复杂性，程序根本无法运行。大数据时代则不必为了追求这两方面的精确性而付出高昂的代价。大数据的"杂"体现在：第一，来源很杂，可能来自各种关系型数据库（实时数据）、可能来自数据仓库（历史数据）、可能来自互联网（爬虫数据）；第二，数据的形式也很杂，包括结构型数据、半结构型数据、准结构型数据、无结构型数据。大数据技术可以允许收集、存储、运算和问题相关的"所有"数据，让人们对问题的认识更加全面。正是大数据的混杂性成全了它的"全"，即准确性（Veracity）。大数据在人们把精确性几乎用到极致的同时，提供了新的思路：要学会退一步海阔天空，而不再沉迷于精确性，转而在宏观层面通过大数据获得更好的洞察力，对问题有更准确的把握。

说到以混杂性取代精确性，谷歌翻译是一个极好的例子。谷歌翻译支持 108 种语言，甚至能够接受数十种语言的语音输入，并可以实现很流利的对等翻译。之所以能做到这些，不是因为它比其他翻译系统拥有更智能、更精确的翻译算法，也不是它能够更好地"掌握"不同的语言，而是因为谷歌翻译将整个互联网作为其数据库供自己使用。试问还有什么是比这更全的语料库呢？由于谷歌语料库的内容来自未经过滤的网页内容，所以会包含一些不完整的句子、拼写错误、语法错误及其他各种错误。况且，它也没有详细的人工纠错后的注解。但是，谷歌语料库的数据优势完全压倒了自身的缺点。谷歌翻译的成功还传达了大数据时代的另一个重要的理念：如何将收集到的信息数据化，而不仅是数字化。谷歌翻译将语言视为能够判别可能性的数据，或者说它成功地将语言数据化并合理运用了这些数据，这正是谷歌翻译能够成功翻译的秘诀。

3. 以相关关系取代因果关系（相关性思维模式）

在相关性思维模式的指导下，人们知道"是什么"就够了，而不一定必须知道"为什么"。例如，想安排一次全家旅行，想知道什么时候购买飞机票更划算，可以通过收集到的历年机票数据进行大数据分析，预测出未来一年内什么时候购买机票最便宜。得到这个答案，购票人以划算的价格确实买到了想要的机票，这个问题就已经解决好了。至于为什么那个最佳票价会出现在那个时间点，他并不关心，因为那是另一个问题了。如果将以相关关系替代因果关系作为问题解决的方向，可以大大提高人类探索世界的效率。因果关系是相关关系的特殊子集，是要求更严苛的相关关系，因为事物的两方不仅要相关，还必须有顺序性和必然性，正所谓"前"因"后"果、有因"必有"果。因果关系的发现需要长期的经验积累和严格的证明，需要很高的发现成本，甚至再加点"好运气"。但如果人们从实用的角度出发，相关关系本身就可以创造经济价值了，不必研究得那么深，依靠大数据技术进行相关关系的发现是很容易的。当然，相关关系的发现也可以作为因果关系研究的起点，通过相关关系发现有趣的联系，再深究背后的原因，证明是否存在因果关系。

3.1.4 数据思维的培养——像"数据科学家"一样思考

实验思维强调归纳，理论思维强调推理，计算思维强调抽象和问题的自动求解，数据思维强调什么呢？数据思维的提出是大数据时代的产物，是信息爆炸从量变到质变的结果，它对人们最根本的要求就是重视数据的力量，理解数据化，建立数据意识，学会将数据分析作为人们获得新认知、创造新价值的来源。

1. 重视数据

虽说技术上的突破是这一切发生的主因，但一些细微而重要的改变正在影响着人们看待和使用数据的理念。数据是对现实世界的抽象，从数据的角度出发看待世界，一切皆数据。仔细想想，数据处理其实并不是一个陌生的领域，人们平时在工作、学习和生活中使用的大部分计算机应用软件都是在做"数据处理"的工作。而现在，数据思维要求人们，除了利用数据完成传统的事务处理，还要重视数据的分析，通过数据分析把数据转变为商业资本，形成新的经济利益增长点。在这方面，数据科学家们的意识更强，他们更注重对各种数据的收集和价值的发掘。如果"计算思维"希望人们像计算机科学家一样思考，那么"数据思维"也希望人们像数据科学家一样思考。

数据科学（Data Science）是为自然科学和社会科学研究提供的一种新的方法，被称为科学研究的数据方法，其目的在于揭示自然界和人类行为的现象和规律（知识发现、数据挖掘）。数据科学的出现，降低了各行各业发现知识的门槛，大家从此可以从数据中发现知识，而不再完全依赖于计算机科学家，甚至也不需要太过高深的编程知识。普通的电子表格软件，如 Excel 就可以成为数据处理和分析的好帮手。当然，如果能再掌握一些编程技能，人们的数据分析和知识发现的能力将会大大提高。这方面，Python 对没有太多编程基础的初学者十分友好，是初学者可以尝试学习和了解的数据分析工具。Python 是一门开源、免费、解释型高级编程语言，拥有优雅的结构和清晰的语法，简单易学，交互性强。再加上 Python 具有非常丰富的第三方库，所以 Python 可以在非常多的领域内使用，如数据科学、编写系统工具、与数据库交互、自动化运维脚本、Web 开发、人工智能等领域。

2. 理解数据化

大数据的核心动力是"数据化"，它是一种把现象转变为可制表分析的量化形式的过程。它的出现远早于计算机的出现，但计算机无疑提高了它的效率。"数据化"和"数字化"是完全不同的概念。数字化是指把模拟数据"0、1 化"为计算机可以处理的数据，但"0、1 化"的数据可能还要"数据化"才能对它进行无穷无尽的分析与挖掘。举个例子，谷歌曾发明了一个能自动翻页的扫描仪，数字化了上百万的书籍，这些书籍最终以数字图像的形式存储在计算机中，但这些数字化了的文本并没有被数据化，因为它们只能通过人的阅读才能转化为有用信息，它们不能通过搜索词被查找到，也不能被分析。只有当它们被诸如光学字符识别之类的软件识别后，字、词、句和段落都被提取出来，这些文本才是被数据化了的文本，而它们潜在的价值也才能被释放出来。

3. 善于发现数据的价值

在没有数据意识的人的眼中，数据是静止和陈旧的。例如，在飞机降落之后，票价数据就没有用了；用搜索引擎完成一次检索之后，这次的检索内容就无用了；城市的公交、地铁的乘客刷卡消费记录能够反映重要的通勤信息，但这些数据被工作人员"自作主张"地丢弃了。设计人员如果没有大数据的理念，就会丢失掉很多有价值的数据。有数据意识的从业者，不仅能看到数据的基本用途，还会考虑数据的潜在用途，在现在或将来不断发掘它们的商业价值、科学价值和社会价值。

4. 学做数据分析、提升编程素养

这里所说的数据分析，是广义的数据分析，它包含了狭义的数据分析与数据挖掘。狭义的数据分析侧重于统计学上的分析，一般可借助成熟的分析工具（如 Excel、SPSS、

SAS 等），分析结果往往是准确的统计量，再经过人的推理演绎获得结论。数据挖掘则可以看作数据分析的高级阶段，它主要从大量的数据中挖掘出未知的且有价值的信息和知识，重点是从数据中发现"知识规则"，它更侧重机器通过自主学习来对未来进行预测，一般需要有一定的编程基础（如 Python、Java、Scala 等）。但无论如何，数据分析与数据挖掘的本质都是一样的，都是从数据里面发现关于业务的知识（有价值的信息），从而帮助业务运营、改进产品，以及帮助企业做更好的决策。

由于和各行各业紧密结合，数据分析已不再是计算机科学家的专利，任何致力于行业创新、自我突破的从业者都应逐步掌握一定的数据分析技术，因为"数据的奥妙只为谦逊、愿意聆听且掌握了聆听手段的人所知"。

3.2 数据分析流程及相关技术

从数据思维的角度出发，任何一项任务都可以被抽象为一组 IPO 过程，即输入一组数据、进行数据处理和输出结果数据的过程。顺着这个思路，我们要考虑以下几个问题。

（1）要收集哪些数据？数据从哪里来？

（2）获得的数据怎样满足分析算法输入需求？

（3）数据要怎样分析处理，是统计分析还是挖掘分析？

（4）输出数据以什么样的方式呈现，是文本、表格还是图形？

3.2.1　数据收集

使用计算机解决问题的关键首先在于获取相关的数据。数据按其被获取的途径可分为两类，即企业内部数据和外部数据。企业内部数据可以直接从系统获得，外部数据要么通过购买获得，要么通过查找公共数据集的 API 获取，当然还可以通过爬虫技术自行采集。

Web 爬虫是一种程序，它可以自动地"浏览"Web 中的信息，然后根据制定的规则高效地下载和提取数据。爬虫的应用十分广泛，比如各大搜索引擎的背后都有一只强大的爬虫（百度有 Baiduspider，谷歌有 Googlebot），以便从全网获取数据，然后才分析整理数据供用户查询。又如，很多有关图像识别的深度学习算法也要利用爬虫抓取大量的数据来训练模型。鉴于数据在大数据时代的重要性，爬虫技术也越来越受到业界的重视。

理论上，互联网中的数据都可以通过爬虫技术来获取，但在实际操作时，我们要考虑很多问题，比如是否遵守了行业的 Robots 协议，是否涉及侵犯个人数据隐私，爬虫爬取的速度是否过快、量过大，是否导致对方服务器压力过大，是否影响了对方的正常业务等。当然，对抓取下来的数据的用途也是值得考虑的因素，若作为个人学习、研究之用，那么要求会宽松一些，但若作为商业用途，那么还要充分考虑相关的法律法规。

Python 爬虫是目前研究和运用的一个热点，其研究内容及相关技术列举如下。

（1）网页数据抓取（网络库的使用，如 Urllib 库、Requests 库等）。

（2）页面分析（静、动态网页知识，开发者工具的运行等）。

（3）信息提取（Xpath、Beautiful Soup 库，正则表达式等）。

（4）数据存储（Pandas 文件存储和 SQLite 数据库存储等）。

（5）异步数据处理（Ajax 异步数据抓取，Selenium 库等）。

（6）爬虫框架（Scrapy 库等）。

3.2.2　数据预处理

数据准备阶段包括所有从原始的、未加工的数据构造出最终数据集的活动，最终数据集就是即将用来分析与挖掘的数据，通过数据预处理使它们符合分析与挖掘算法的要求。数据预处理可能包括以下几个方面。

（1）数据选择。根据分析与挖掘目标选择合适的数据，包括表的选择、记录（行）的选择和属性（列）的选择。

（2）数据清洗。提高选择好的数据的质量，一般包括对缺失值、重复数据、异常数据的处理，数据类型的转换等。

（3）数据创建。根据分析和挖掘算法的需要，在原有数据的基础上生成新的属性或记录。

（4）数据合并。利用表连接等方式将几个数据集合并在一起。

（5）数据格式化。把数据转换成适合分析与挖掘的格式，包括数据类型、编码格式、文件存储格式等。

千万别小看数据预处理，它是数据分析与挖掘算法得以正常实施的保障，是数据处理流程中非常重要的步骤，通常也是最耗时和费力的步骤。

3.2.3　数据分析

在3.1.4节中，我们提到过广义的数据分析包含了统计分析与数据挖掘两个层次。

统计分析中较为基础的是描述性统计分析，通过描述性统计分析可以获得对数据源最初的认知，包括数据的集中趋势、分散程度及频数分布等，了解了这些后才能去做进一步的分析和建模。

衡量数据集中趋势的常用指标有均值、中位数和众数。

（1）均值。均值是一组数据的算术平均值，它的特点是容易受极值点的影响，当数据集中存在极值点时，均值对数据集中趋势的判断就会不准确。这时可以改用中位数或众数来对数据的中心趋势进行评判。

（2）中位数。数据按照从小到大的顺序排列时，位于中间的那个数即中位数。当数据的个数为奇数时，中位数即位于中间的那个数；当数据个数为偶数时，中位数即中间两个数的平均值。中位数不受极值影响，具有极值不敏感性。

（3）众数。数据中出现次数最多的数字，即频数最大的数值为众数。众数可能不止一个，也具有极值不敏感性，且众数不仅能用于数值型数据，还可用于非数值型数据。

衡量数据分散程序的常用指标有极差、方差和标准差。

（1）极差。极差是数据中最大值与最小值之差，它描述了数据的范围，但无法反映其分布。极差对异常值敏感，异常值的存在导致极差产生很强的误导性。

（2）方差。统计中的方差（即样本方差）是各样本数据和平均数之差的平方和的平均数。反映了随机变量（统计数据）与均值的偏离程度。但方差与被处理数据的量纲并不一致（经过了平方计算），处理结果不能让人直观地体会到这种偏离程度的大小，于是引入了标准差。

（3）标准差。标准差是方差的平方根，由于标准差和均值的量纲是一致的，当描述一个波动范围时，标准差比方差更方便、直观。

如果要对数据进行深层次的分析，则应使用数据挖掘的相关方法与技术，包括频繁模式、关联和相关性分析、分类分析、回归预测分析、聚类分析、降维分析等。

在此阶段，主要选择和应用各种建模技术进行预测或发现数据中隐藏的模式。数据挖掘的大致流程：数据加载、数据预处理、特征工程、模型选择（涉及算法与参数）、模型训练、模型测试、模型评估、参数调优、模型的应用。

说明：本书所讨论的数据分析只涉及简单的统计分析，数据挖掘和建模并不在本书讨论的范围内。

3.2.4　数据可视化

即使建模的目的是增加对数据的了解，所获得的了解也要进行组织，并以一种客户容易理解的、更直观的、更便于沟通的方式呈现出来，可视化起到的作用正是这样。所谓"一图胜千言"，数据可视化旨在借助图形化手段，将数据以视觉的形式呈现出来，清晰有效地传达与沟通信息，帮助人们理解数据中蕴藏的规律和现象。

从最终的效果上看，数据可视化可分为静态数据可视化与交互可视化。静态数据可视化（如图表和地图）是几个世纪以来人们一直在使用的工具；而交互可视化则与计算机和移动设备的出现分不开，借助这些电子设备，人们可以通过程序或仪表盘随时调整各类参数，并马上看到不同的可视化结果。交互可视化其实并不神秘，Excel 中的数据透视图实现的就是这样一种效果。其他功能更强大、交互性更强、效果更酷炫的可视化工具包括 Python 的各种可视化第三方库（Matplotlib 库、Seaborn 库等），以及各种商业智能分析平台，如 Tableau 等。

数据可视化将大量的高维度烦琐数据以一种直观的图表的形式展现出来，使数据在阅读方面变得极为便捷，同时也使数据更加客观、更具说服力。数据可视化不仅用于数据分析流程的最后阶段，即结果呈现阶段，而且它也是数据挖掘过程中数据理解阶段的关键辅助工具，数据可视化可以帮助人们从多个侧面更好地理解数据，找到规律，从而调整使用的分析模型，更合理地设定模型参数。

习题3

（1）什么是大数据的"4V"特性？

（2）大数据时代给人们带来了哪些思维上的变革？

（3）大数据的狭义定义和广义定义分别是什么？

（4）（判断题）计算思维是指编写程序。

（5）举例说明数字化和数据化的区别。

（6）从你的经历和体会出发，谈谈应该如何培养数据思维。

（7）简述数据分析的基本流程。

应用基础篇

本篇介绍数据处理中最基础、最常见的应用，即文字处理、电子表格与演示文稿，作为应用基础篇，本篇是读者实现计算机高阶应用（如编程、使用更复杂的数据分析平台等）的实践基础。

第 4 章 Word 文字处理，主要介绍 Word 文档编辑和排版、表格的使用和长文档的编辑技巧。

第 5 章 Excel 电子表格，主要介绍电子表格的基本操作、数据格式化、公式与函数的应用、用 Excel 进行数据分析与可视化（这部分内容与第 8 章的内容相互呼应，读者可以对比学习，第 5 章介绍在成熟软件平台上进行数据分析，而第 8 章则介绍通过编程进行数据分析）。

第 6 章 PowerPoint 演示文稿，主要介绍 PowerPoint 演示文稿的制作过程、布局设计、各种美化技巧及常用扩展插件的使用。

第4章 Word 文字处理

4.1 Word 的基本操作

Microsoft Word 是 Microsoft Office 套装办公软件的重要组件之一，通常被称为文字处理软件，其主要功能如下。

（1）所见即所得。用 Word 编辑文档，使打印效果在屏幕上一目了然。

（2）直观的操作界面。Word 的界面比较友好，提供了丰富多彩的工具，利用鼠标就可以完成编辑、排版等操作。

（3）多媒体混排。用 Word 可以编辑文字、图形、图像、声音、动画，还可以插入其他软件制作的作品，也可以用 Word 提供的绘图工具制作图形、编辑艺术字、编辑数学公式，从而满足用户的各种文档处理要求。

（4）强大的制表功能。Word 提供了强大的制表功能，不仅可以自动制表，也可以手动制表。用户可以对表格中的数据进行计算、排序，还可以对表格进行各种修饰。

（5）自动功能。Word 提供了拼写和语法检查功能，提高了编辑英文的正确性，当发现语法错误或拼写错误时，Word 可以提供修正的建议。

（6）模板与向导功能。Word 提供了大量且丰富的模板，使用户在编辑某类文档时，能很快地建立相应的格式，而且 Word 允许用户自己定义模板，为建立满足特殊需求的文档提供了高效而快捷的方法。

（7）超强的兼容性。Word 支持多种格式的文档，用户可以将 Word 编辑的文档以其他格式的文件存盘，这为 Word 和其他软件的信息交换提供了极大的便利。使用 Word 可以编辑邮件、信封、备忘录、报告、网页等。

4.1.1 文档的创建、保存与打开

Word 是文字处理软件，可以对常用的文稿文件进行文字排版和表格制作，以及图文混排等操作。

1. 创建 Word 文档有两种方式

（1）第一种：在桌面、磁盘或指定文件夹窗口的空白处，也就是能存储文档的窗口空白处右击，在弹出的快捷菜单中选择"新建"→"Microsoft Office Word 文档"选项，如图4-1 所示。

这样就直接把文档建在桌面上了，文档的名称是"新建 Microsoft office Word 文档.docx"。文档创建之后就可以对其重命名了，Word 文档的扩展名是.docx，如图4-2 所示。

图4-1　通过快捷菜单创建 Word 文档　　　　　图4-2　未命名的 Word 文档

（2）第二种：通过"文件"菜单创建 Word 文档，操作方法：启动 Word，选择"文件" → "新建"选项，如图4-3 所示。

Word 文档创建之后，文档名称暂时为"文档1-Microsoft Word"，此时的文档还没有被保存，如图4-4 所示。

图4-3　通过"文件"菜单创建 Word 文档　　　　图4-4　未保存的 Word 文档

采用上述两种方式，只是启动了 Word 界面，创建了空白文档，但还没有生成真正的文档，因为还没有进行保存操作，没有确定文件名和文档的保存位置，所以接下来要保存 Word 文档。

2. 保存 Word 文档

保存是指把所做的一切操作存储在文档中，如存储输入的文字、制作的表格，或者使设置的字体、字号、颜色生效。在不同的情况下，保存有两个作用。

（1）如果文档还未创建，只启动了 Word 界面，如上述创建 Word 文档的方式，那么使用保存功能不仅将所做的操作存储在文档里，同时还完成了创建文档的过程。

（2）如果已经创建了 Word 文档，保存的功能是将后续的操作存储在文档中。

两者的区别：前者会弹出"保存"对话框，需要输入文件名并选择保存位置，后者不会出现对话框，直接进行保存操作，因为文档已经具有文件名和保存位置，直接将所做的操作存储在文档之中。

保存的快捷键是"Ctrl+S"组合键。

Office 系列软件有自动保存功能，选择"文件"→"选项"→"保存"选项，弹出如图 4-5 所示的对话框，完成自定义文档保存方式的设置。

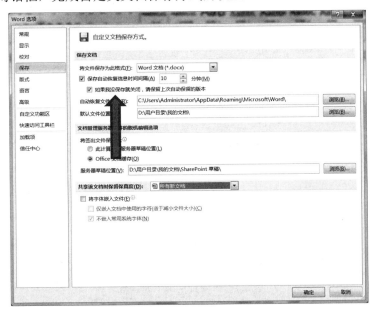

图4-5 完成自定义文档保存方式的设置

3. 另存为和保护 Word 文档

在 Word 界面左上角的"文件"菜单里还有"另存为"选项。"另存为"选项的功能是将目前的文档重新存储一份放在计算机中，用户可以改变文件名或文档的保存位置。选择"另存为"选项后，会弹出"另存为"对话框，用户可以输入新的文件名并设置新的保存位置，如图 4-6 所示。

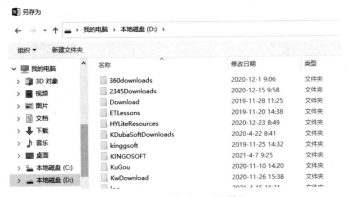

图4-6 "另存为"对话框

"另存为"的快捷键是"F12"键。

如果不希望创建的文档被无关人员查看或修改，那么可以将文档保护起来，设置"打开文件时的密码"或"修改文件时的密码"，这样其他用户在不知道密码的情况下就无法打开或修改此文档。

在"另存为"对话框中，单击下方的"工具"按钮，选择"常规选项"选项，打开如图4-7所示的"常规选项"对话框，在"打开文件时的密码"文本框或"修改文件时的密码"文本框中设置相应的密码。

图4-7　"常规选项"对话框

4. 打开 Word 文档

打开 Word 文档有两种方式。

（1）找到 Word 文档，直接双击文档图标，如图4-8所示。

（2）在 Word 界面中，单击左上角的"文件"菜单，选择菜单里的"打开"选项，如图4-9所示，打开计算机中的 Word 文件，在弹出的对话框中，先在左侧选择磁盘，找到文档的保存位置后，再选择对应的文档图标，最后单击"打开"按钮。

"打开"的快捷键是"Ctrl+O"组合键。

图4-8　双击文档图标

图4-9　通过菜单打开 Word 文档

4.1.2　文档的输入与编辑

创建一篇文档，文字的输入与编辑是最基本的操作，一篇完整的文档包括标题、段落、标点、文字类型及符号等。

　　打开一篇文档，光标闪动的位置被称为插入点，Word 的输入有"插入"和"改写"两种状态。"插入"是指输入文本时，光标后面的内容后移。"改写"是指输入文本时，光标后面的内容被覆盖。两种状态通过按键盘上的"Insert"键进行切换。

1. 输入文本

　　选择合适的输入法，就可以在文档中输入文字了。切换输入法的快捷键是"Ctrl+Shift"组合键。如果要插入其他文档中的文本，可以选择"插入"→"文本"→"对象"→"文件中的文字"选项，弹出如图4-10所示的对话框。

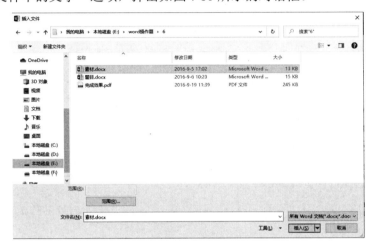

图 4-10　"插入文件"对话框

选择相应的 Word 文档，单击"插入"按钮即可。

2. 输入日期与时间

　　输入日期与时间，既可以直接在键盘上按键输入，也可以选择"插入"→"文本"→"日期和时间"选项，弹出"日期和时间"对话框，如图4-11所示。

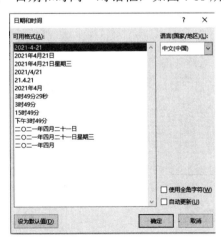

图 4-11　"日期和时间"对话框

3. 输入符号和编号

普通的符号可以在键盘上按键输入，而有时为了增加文档的趣味性，会用到一些特殊的符号，这时可以选择"插入"→"符号"选项，弹出"符号"对话框，如图4-12所示。

图4-12　"符号"对话框

按照同样的方法，也可以在文档中插入编号。

4.1.3　文档的格式化与打印

文档在打印之前，要对字符、段落等进行格式化，还要对页面进行设置。

1. 字符的格式化

字体、大小、字形、颜色等普通属性可以通过"字体"功能组进行设置，如图4-13所示。

如果要设置字符的缩放、间距、位置等高级属性，则单击"字体"功能组右下角的对话框启动按钮，弹出"字体"对话框，选择"高级"选项卡，如图4-14所示。

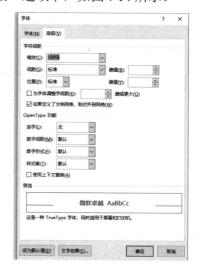

图4-13　"字体"功能组　　　　图4-14　"字体"对话框的"高级"选项卡

2. 段落的格式化

段落的对齐方式、项目符号和项目编号、边框和底纹等普通属性可以通过"段落"功能组进行设置，如图4-15 所示。

如果要设置段落的缩进、间距等高级属性，则单击"段落"功能组右下角的对话框启动按钮，弹出"段落"对话框，选择"缩进和间距"选项卡，如图4-16 所示。

图4-15　"段落"功能组　　　　　　图4-16　"段落"对话框

3. 使用项目符号和项目编号

使用 Word 排版时，为了让文档层次分明、条理清晰，会用到项目符号或项目编号来组织内容，如制作规章制度、管理条例等。

（1）添加项目符号。项目符号是指添加在段落前的符号，一般用于并列关系的段落。添加方法如下。

选中或将光标定位在段落中，在"开始"选项卡的"段落"组中，单击"项目符号"按钮，添加默认的项目符号，或单击"项目符号"右侧的下拉按钮，在弹出的下拉列表中选择项目符号样式，如图4-17 所示。

如果要同时给多个段落添加项目符号，则可以选中多个段落。在含有项目符号的段落中，按"Enter"键切换到下一段时，会为下一段自动添加相同样式的项目符号，这时如果直接按"Backspace"键，或者再次按"Enter"键，可以取消自动添加项目符号。

（2）添加项目编号。添加项目编号的操作与添加项目符号的操作是类似的，只是把项目符号变为了项目编号，项目编号下拉列表如图4-18 所示。

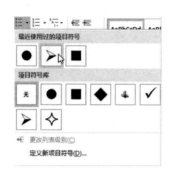

图4-17　项目符号下拉列表　　　　图4-18　项目编号下拉列表

在制作规章制度时，通过项目编号可以让制度文本看起来更有条理性，在带有项目编号的段落中按"Enter"键，则会为下一段自动添加项目编号，并且项目编号会自动加1，如图4-19所示。

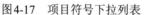

新生报到流程：
1.　寻找自己所在院系迎新人员
2.　到达新生接待处
3.　进行新生资格审核
4.　出示身份证、录取通知书、准考证、档案
5.　领取宿舍房间号、报到证（包括院系、学号）
6.　到达住宿管理中心办理住宿手续
7.　出示报到证，填写个人资料
8.　领取宿舍号、床号、以及宿舍钥匙
9.　缴纳学费 财务处 已通过银行卡汇款的领取收据即可
10.　户口迁移 保卫处 交户口迁移证
11.　办理保险 学工处
12.　办理校园一卡通 后勤集团 通常学校已经办理好你只要交钱就行
13.　办理党团关系 团委 交党团组织介绍信

图4-19　添加项目编号示例

（3）自定义项目编号。有时候人们要制作相应的项目编号，如步骤，并不需要单纯的数字编号，而需要"步骤一、步骤二、步骤三……"这样的形式，人们可以通过自定义项目编号来实现。

在项目编号下拉列表中选择"定义新编号格式"选项，如图4-20所示。

在弹出的"定义新编号格式"对话框中选择编号样式。在"编号格式"文本框中输入自定义的文本，如图4-21所示。

这样，项目编号就包含了自定义的文字内容。

（4）多级列表。若想给一段文字划分层级，则可以使用多级列表。当一段文字已设置了项目符号或项目编号，并选择了一种多级样式时，按"Enter"键后，会为下一段添加相同样式的项目符号或项目编号，再按"Enter"键时，会更改列表级别。

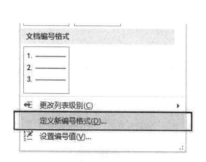

图4-20 选择"定义新编号格式"选项 图4-21 "定义新编号格式"对话框

4. 使用分栏

（1）在文档中选中要分栏的段落。

（2）选择"页面布局"→"分栏"选项，打开"分栏"对话框。在"预设"区域中选择分栏选项，如图4-22所示。

（3）在"宽度和间距"区域中可以调整栏与栏之间的距离，也可使用默认值作为分栏间距。若想在栏与栏之间使用分隔线，则选中"分隔线"复选框，如图4-23所示。

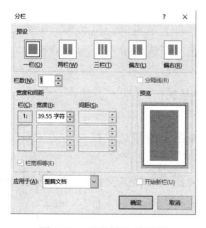

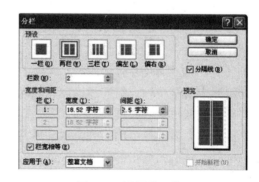

图4-22 "分栏"对话框 图4-23 设置分隔线

（4）设置完成后，单击"确定"按钮即可。

5. 添加边框和底纹

（1）打开 Word 文档，选择"开始"→"段落"选项，单击 旁的下拉箭头，在下拉列表中选择"边框和底纹"选项，弹出"边框和底纹"对话框，如图4-24所示。

（2）选择边框样式，设置宽度和颜色，给段落添加边框。选择"底纹"选项卡，选择合适的颜色，即可给段落添加底纹。

（3）切换到"页面边框"选项卡，可以给整个页面添加艺术型边框，如图4-25所示。

图4-24　"边框和底纹"对话框

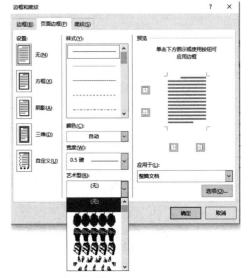

图4-25　添加艺术型边框

6. 页面设置

页面设置包括设置纸张大小、页边距、纸张方向等。

（1）页边距。

①打开一篇 Word 文档。

②在"页面布局"选项卡的"页面设置"功能组中有文字方向、页边距、纸张方向、纸张大小等属性。选择"页边距"→"自定义边距"选项，或者单击"页面设置"右边的下拉箭头，弹出如图4-26所示的对话框。

默认的上、下页边距是2.54厘米，左、右页边距是3.17厘米，页边距是指文字区域（版心）到页面边缘的距离。

③纸张方向有两种：纵向和横向。纵向是指文字在纸张的窄边上横向排列，横向是指文字在纸张的宽边上横向排列。

纸张方向大多选择纵向排列，横向通常适用于分两栏或表格太宽的情况，无论是横向还是纵向，打印机的纸张都是纵向放进去的。

（2）纸张。

①选择"纸张"选项卡。

②默认的纸张大小为 A4，人们常用的试卷的纸张大小为 B4，如果不确定纸张大小，读者可以用尺子量一下，然后与"纸张"选项卡中的参数进行对照。

③如果纸张不规范，则可以在"宽度"和"高度"文本框中直接输入数值，此时纸张大小显示为"自定义"。

（3）打印。

①页面设置好以后，就可以打印文档了。

① 选择"文件"→"打印"选项，出现如图 4-27 所示的"打印"对话框。

③打印范围默认是"打印所有页"，如果用户只想打印某一页，则可以选择"打印当前页面"选项，也可以输入页数范围。在此对话框中，还可以设置单面、双面打印，横向、纵向打印；也可以设置纸张大小、页边距等属性。

④打印设置完成后，单击"确定"按钮，即可开始打印。

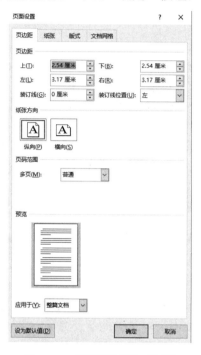

图 4-26　"页面设置"对话框

图 4-27　"打印"对话框

7. 插入页眉、页脚和页码

页眉和页脚是出现在页面顶部和底部的注释性文字和图形，它们不是随文本输入的，而是通过命令设置的。页码是最简单的页眉（或页脚）。有时候页眉和页脚也比较复杂，如在有些教材中，奇数页的页眉是章节标题和页码，偶数页的页眉是书名和页码，没有页脚。在页脚中，可以设置作者的姓名、日期等。页眉和页脚只能在页面视图和打印预览方式下看到。

（1）选择"插入"→"页眉和页脚"选项，即可插入页眉、页脚和页码，如图 4-28 所示。

（2）如果要设置奇偶页为不同的页眉和页脚，或者首页为不同的页眉和页脚，则在如图 4-29 所示的对话框中选中"奇偶页不同"或"首页不同"复选框即可。

（3）一般情况下，一篇文档是一个完整的节，对页面的布局如纸张方向、纸张大小、页边距及页眉、页脚等设置是针对整篇文档的，如果要对文档中的部分页面进行布局设置，可以通过插入分节符实现。将光标定位到要分节的位置，选择"页面布局"→"页面设置"→"分隔符"选项，在弹出的下拉列表中选择合适的分节符，如图 4-30 所示。

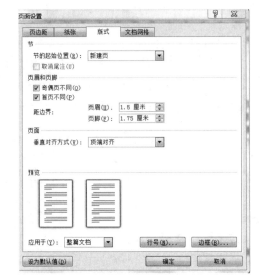

图4-28　插入页眉、页脚和页码　　　　图4-29　"版式"选项卡　　　　图4-30　插入分节符

　　分节符的位置有下一页、连续、偶数页和奇数页四种，根据需要插入相应的分节符。在草稿视图下可以看到插入的分节符，也可以删除分节符。

　　8. 格式刷的使用

　　格式刷的作用是复制文字格式、段落格式等任何格式。格式刷是Word中非常有用的工具，当文档中的大量内容要设置为相同的格式时，就可以使用格式刷，如图4-31所示。

　　格式刷的使用方法：先单击或选中文档中的某个带格式的"词"或 "段落"，然后单击"格式刷"按钮，接着按下鼠标左键拖动使光标经过要替换格式的"词"或"段落"，此时，它们的格式就会与之前选择的文本的格式一致了。

图4-31　格式刷

　　9. 水印

　　"水印"是页面背景的形式之一。选择"页面布局"→"页面背景"→"水印"选项，打开"水印"对话框，给文档设置背景，如图4-32所示。

图4-32　"水印"对话框

如果选中“图片水印”单选钮，则要选择用作水印的图片；如果选中“文字水印”单选钮，则在“文字”文本框中输入或选择水印文本，如“保密”“绝密”“严禁复制”等，再分别设置字体、字号、颜色和版式等。文字水印效果如图4-33 所示。

严禁复制

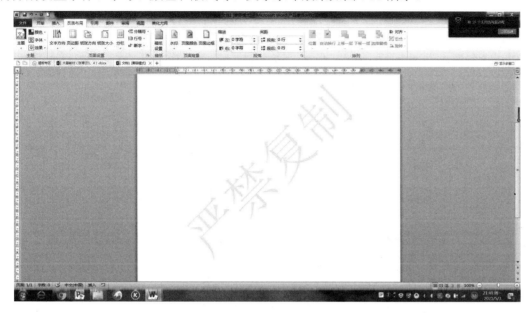

图4-33 文字水印效果

10. 首字下沉

有些段落使用首字下沉来代替每段的首行缩进，使内容更加醒目。选择“插入”→“文本”→“首字下沉”选项，弹出“首字下沉”对话框，如图4-34 所示。

在此对话框中，可以设置下沉文字的字体、下沉行数、距正文等参数。首字下沉效果如图4-35 所示。

首字下沉
位置
无(N)
下沉(D)
悬挂(M)
选项
字体(F)：
宋体
下沉行数(L)：
3
距正文(X)：
0 厘米
确定
取消

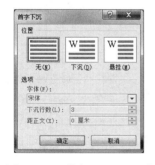

图4-34 “首字下沉”对话框

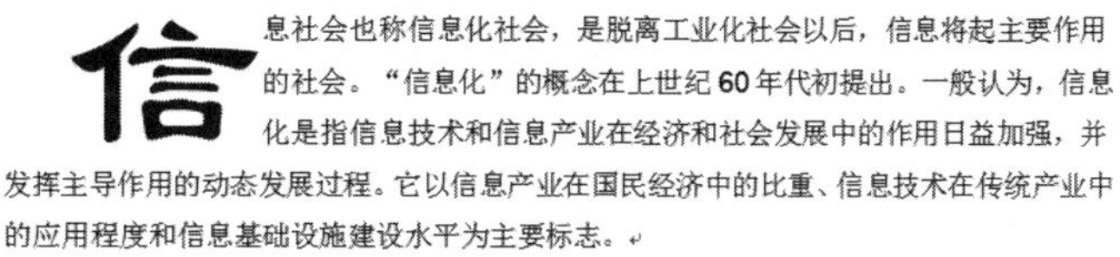

信息社会也称信息化社会，是脱离工业化社会以后，信息将起主要作用的社会。“信息化”的概念在上世纪 60 年代初提出。一般认为，信息化是指信息技术和信息产业在经济和社会发展中的作用日益加强，并发挥主导作用的动态发展过程。它以信息产业在国民经济中的比重、信息技术在传统产业中的应用程度和信息基础设施建设水平为主要标志。

图4-35 首字下沉效果

4.2 制作图文并茂的文档

在创建 Word 文档的时候，往往要插入一些图片、图形、SmartArt 图形及屏幕截图等，这样会使文档图文并茂，从而增加可读性，图片与文字的组合能更好地体现文档的表达主旨。

4.2.1　插入图片

在 Word 中，为了更直观地表达文档内容，通常要为文档插入图片。

1. 插入图片

（1）将鼠标定位到要插入图片的位置，选择"插入"→"插图"→"图片"选项，如图4-36 所示。

图4-36　插图功能组

（2）打开"插入图片"对话框（见图 4-37），选择要插入的图片，选择图片后，单击"插入"按钮。除插入图片外，还可以插入剪贴画、形状、SmartArt 图形等。

图4-37　"插入图片"对话框

（3）当然，为了更突出地显示图片，也可以为其增加边框，在"格式"选项卡中，选择"图片样式"→"图片边框"→"粗细"选项，即可设置边框粗细。同时还可以设置边框颜色。

图4-38　裁剪图片

（4）有时，插入的图片的大小可能不符合实际需求，这时可以选择"格式"→"大小"→"裁剪"选项，对图片进行裁剪，如图4-38 所示。

2. 插入艺术字

艺术字是一种带有特殊效果的文字。选择"插入"→"文本"→"艺术字"选项，如图4-39 所示。

在艺术字下拉列表中选择艺术字样式（见图4-40），然后根据需要对文本进行自定义编辑。

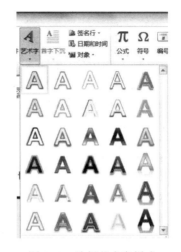

图4-39　插入艺术字　　　　　　　　　图4-40　选择艺术字样式

选中艺术字，会出现"格式"选项卡，可以对艺术字设置更多特殊效果，如图4-41所示。

图4-41　设置特殊效果

3．插入文本框

在 Word 中，可以把文本框理解成一个编辑器，在文本框里可以输入文字，或者插入图片、流程图等。可以在图4-39中单击"文本框"下方的下拉按钮，在弹出的下拉列表中选择一种文本框。

文本框有横排和竖排之分，此外，Word 还提供了有一定格式的文本框。选中插入的文本框，会出现"格式"选项卡，可以对文本框设置更多特殊效果。

4．插入屏幕截图

屏幕截图也可以被插入 Word 文档里面，其方法如下：打开一张图片，登录 QQ 或微信，单击屏幕截图按钮，即✂"剪刀"按钮，或者按"Alt+A"组合键，选择想要截取的图片区域，然后在下方的工具栏中单击"保存"按钮即可。最后，把图片粘贴或直接拖拽到 Word 文档中。

4.2.2　图文混排

在编辑 Word 文档的过程中，图文混排是一类常见的操作，具有十分重要的意义和作用，图文混排技术也是 Word 文字处理必备技能之一。合理的图文混排操作能使文档更有特色，同时也便于读者理解。

在文档中插入图片。操作方法如下：打开 Word 文档，在已有的文档中插入图片；图片会把文字分割成上、下两部分，显得不够紧凑，接下来要合理地布局文字与图片的位置；单击图片，会出现"格式"选项卡，其中的"排列"功能组如图4-42所示。

图4-42 "排列"功能组

例如，选择"环绕文字"→"紧密型环绕"选项，将图片拖动到任意位置，从而把图片与文字有机地结合在一起，使文档排版更有特色。

4.2.3 查找与替换

在 Word 中，对于一篇比较长的文档，有时会发现存在错别字，或者要将某个词改为其他词，如果逐个更改字或词会很麻烦，这时就可以使用查找与替换功能。

例如，打开一篇文档，将文中的"菊花"改成"Flower"，选择"开始"→"编辑"→"替换"选项，如图4-43所示。

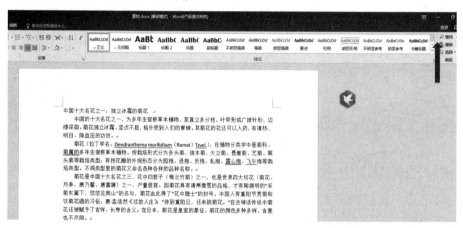

图4-43 选择"替换"选项

也可以按"Ctrl+H"组合键，弹出"查找和替换"对话框，如图4-44所示。

图4-44 "查找和替换"对话框

在"查找和替换"对话框中，在"查找内容"文本框中输入"菊花"，在"替换为"文本框中输入"Flower"，单击"替换"按钮即可，如图4-45所示。

如果想全部替换，则单击"全部替换"按钮，随后就会提示全部替换完成，如图4-46所示。

图 4-45　将"菊花"替换为"Flower"　　　　　图 4-46　提示全部替换完成

如果想设置替换内容的字体格式，则单击"更多"按钮，选择"格式"→"字体"选项即可，如图 4-47 所示。

图 4-47　设置替换后内容的字体格式

4.3　表格的使用

4.3.1　创建表格

在现实生活中，我们经常会见到各种表格，如课程表、成绩单、个人情况登记表等，表格可以让我们非常清晰、有条理地看到相关信息。下面介绍利用 Word 创建各式各样美观的表格。

方法一：直接插入表格。

将光标定位到目标位置，单击"插入表格"按钮，在弹出的下拉列表中选择表格的行数及列数。当鼠标指针移过代表单元格的方格时，所选区域会以橙色显示，在所选区域中单击，一个简单的表格就创建好了。

使用这种方法创建表格有一定的局限性（行数、列数有限），因此，可以采用其他方法。

方法二：使用"插入表格"对话框。

将光标定位到目标位置，选择"插入"→"表格"→"插入表格"选项，弹出"插入表格"对话框，在对话框中可以设置要创建的表格的行数及列数，如图 4-48 所示。

最后单击"确定"按钮。

方法三：绘制表格。

移动光标到目标位置，选择"插入"→"表格"→"绘制表格"选项，可以用笔和橡皮擦等工具绘制不规则的表格，如图 4-49 所示。

图 4-48 "插入表格"对话框

图 4-49 绘制表格

4.3.2 编辑与格式化表格

表格创建以后，有时要调整表格的位置或大小。为了让表格更美观，还应对表格进行编辑或格式化。

1. 表格的移动和缩放

（1）表格的移动。当鼠标指针指向表格的左上角时，鼠标指针变成 ⊞ 形状，这时按住鼠标左键不放并拖动鼠标，到达目标位置后松开鼠标就完成了表格的移动，如图 4-50 所示。说明：虚线表示表格移动后的位置。

（2）表格的缩放。当鼠标指针指向表格的右下角（小方块）时，鼠标指针变成 ↖ 形状，这时按住鼠标左键不放并拖动鼠标，当表格变为合适的大小时松开鼠标就完成了表格的缩放，如图 4-51 所示。说明：虚线表示表格缩放后的大小。

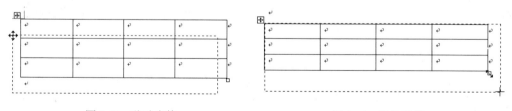

图 4-50 移动表格   图 4-51 缩放表格

2．表格的编辑

（1）单元格的拆分与合并。有时要将表格的某些行或列拆分与合并。

图 4-52　拆分单元格

操作步骤：先选定要合并的行或列，在选定的区域上单击鼠标右键，在弹出的快捷菜单中选择"合并单元格"选项即可。如果要拆分一个单元格，则定位到此单元格中并右击，在弹出的快捷菜单中选择"拆分单元格"选项，弹出"拆分单元格"对话框（见图 4-52），在对话框中输入行数与列数，单击"确定"按钮。

（2）插入行和列。

①插入行的方法。

若在最后一行之后插入行，则将光标定位在表格最后一行的段落标记前，按"Enter"键即可；也可以将光标定位在最后一行最后一个单元格里，按"Tab"键。

若在任意位置插入行，则将光标定位在任意单元格中并右击，在弹出的快捷菜单中选择"插入"→"在上方插入行"或"在下方插入行"选项。若选择多行，则可以一次插入多行。

②插入列的方法。若在任意位置插入列，则将光标定位在任意单元格中并右击，在弹出的快捷菜单中选择"插入"→"在左侧插入列"或"在右侧插入列"选项。若选择多列，则可以一次插入多列。

（3）删除行、列及表格。选择要删除的行、列或表格并右击，在弹出的快捷菜单中选择"删除行"或"删除列"或"删除表格"选项即可。

4.3.3　表格中数据的排序与计算

图 4-53　"数据"功能组

Word 表格中的数据可以进行计算和排序，可在"表格工具"的"布局"选项卡的"数据"功能组内完成，如图 4-53 所示。

1．表格中数据的计算

如果要计算表 4-1 中的总分和平均分，则方法如下：首先将光标定位到要存放计算结果的单元格中，然后单击 fx 按钮，弹出如图 4-54 所示的"公式"对话框，选择相应的粘贴函数并设置参数进行计算。但要注意，函数的数量是有限的。

2．排序

将光标定位到表格中，单击如图 4-53 所示的"排序"按钮，弹出如图 4-55 所示的"排序"对话框，按提示即可完成排序。但要注意，最多可根据三个关键字进行排序。

表4-1　成绩表

学号	姓名	数学	语文	英语	总分
001	张三	85	67	96	248
002	李四	68	68	87	
003	王五	75	85	68	
004	赵六	96	60	76	
平均分					

图4-54　"公式"对话框

图4-55　"排序"对话框

4.3.4　表格和文字的互相转换

我们有时要将文字转化为表格，从而使内容看上去既条理清晰，又简约大方，同时还提高了文档的可读性和专业性。我们有时还要将表格中的文字提取出来，另有用途。在 Word 中，文字和表格是可以相互转换的。

1. 将文字转换为表格

（1）打开 Word 文档，随意输入一些文字，将文字统一设置为一种格式，这样后期调整起来就比较方便。例如，将下列文字转换成表格。

中文名，　埃文斯·普里查德

出生日期，　1902

逝世日期，　1973

性　　别，　男

（2）选中上述文字，选择"插入"→"表格"→"文本转换成表格"选项，弹出"将文字转换成表格"对话框，如图4-56所示。选择想要转化的表格尺寸，将文字分隔位置设置为逗号或其他字符。

图4-56　"将文字转换成表格"对话框

（3）设置完成后，单击"确定"按钮，表格的行数是根据文章的段落数量来划分的，转换以后的表格如表4-2所示。

表4-2　转换以后的表格

中文名	埃文斯·普里查德
出生日期	1902
逝世日期	1973
性　别	男

2. 将表格转换为文字

（1）选中要转换为文字的表格，选择"布局"→"数据"→"转换为文本"选项，如图4-57所示。

弹出如图4-58所示的"表格转换成文本"对话框，将文字分隔符设置为逗号或其他字符，单击"确定"按钮，表格就被转换成文字了。

图4-57　选择"转换为文本"选项　　　图4-58　"表格转换成文本"对话框

3. Word 表格操作练习

（1）制作本学期的课程表，如表 4-3 所示，以"课程表"为文件名将文件保存在指定的文件夹下。

（2）制作个人简历，如表 4-4 所示。

表4-3　课程表

时间		星期				
		星期一	星期二	星期三	星期四	星期五
上午	第1～2节					
	第3～4节					
下午	第5～6节					
	第7～8节					
晚上	第9～10节					

表4-4　个人简历

姓名		性别		出生年月		照片
籍贯		民族		身高		
专业		健康状况		政治面貌		
毕业学校				学历		
通信地址						
邮政编码		身份证号码				
教育情况						
专业特长						
工作经历						
期望月薪	第一年			第二年		
联系方式	传真： 电话： 电子邮箱：					

4.4　Word 的长文档编辑及其他特性的使用

4.4.1　模板

如果某些 Word 文档具有相似的格式或版面，那么使用模板会简化许多操作，可以省去一些重复的步骤，大大提高工作效率。

模板是一个用来创建文档的基本模型，一个模板通常包含标题、文本的格式、样式、内容、自定义工具栏等。Word 提供了多种模板，选择"文件"→"新建"选项，弹出"新建"对话框，显示了各种模板，其中既包括许多中文模板，也包括英文模板，如图 4-59 所示。

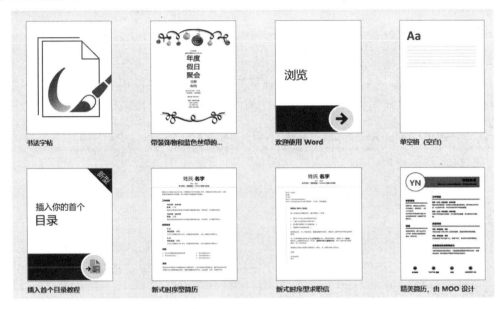

图 4-59　部分模板

当 Word 自带的模板不能满足用户的需求时，可以自己建立模板，方法如下。

（1）打开一篇已经编辑好的文档，按照文章的格式要求设置好标题、字体、字号、字形、颜色、段落等内容。

（2）将该文档另存为模板。Word 模板的扩展名为".dotx"，如图 4-60 所示。

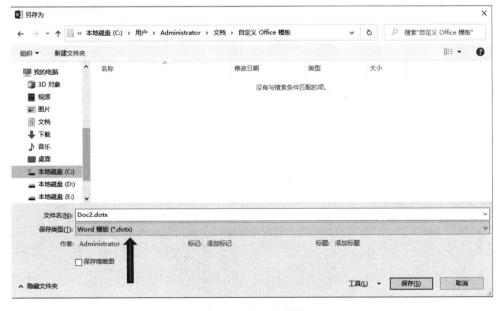

图 4-60　另存为模板

4.4.2 样式

样式是指用有意义的名称保存的字符格式和段落格式的集合。当遇到格式相同的文本时，先创建一个该格式的样式，然后为需要的文本套用这种样式，就无须对文本重复设置格式了。

1. 使用样式

打开 Word 文档，选择"开始"→"样式"选项，单击右下角的对话框启动按钮，如图4-61 所示。在打开的样式列表中选择合适的样式，如图4-62所示。

图4-61 单击对话框启动按钮

2. 修改样式

在样式列表中，找到要修改的样式，如"标题 2"样式，那么将鼠标指针移动到"标题 2"的位置，"标题 2"的右侧会出现一个下拉按钮，单击该下拉按钮，在弹出的快捷菜单中选择"修改"选项，如图4-63 所示。

在弹出的如图4-64 所示的对话框中，可以看到"标题 2"的默认设置，如粗线方框中所示，可以单击左下方的"格式"按钮，对字体、段落等进行修改。

3. 新建样式

除了可以使用系统内置的样式，用户还可以自己创建样式，在图4-62 中单击 按钮，弹出如图4-65 所示的对话框。

在此对话框中，给新样式命名，选择样式类型、样式基准等，设置字体、段落等内容的格式，设置完成后，单击"确定"按钮。

图4-62 样式列表

图4-63 修改样式

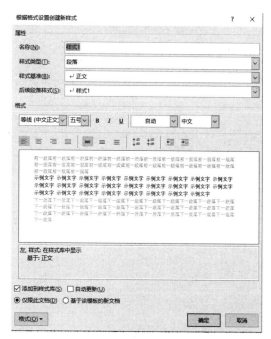

图4-64 "修改样式"对话框　　　　图4-65 "根据格式设置创建新样式"对话框

4.4.3 目录

目录通常是长文档不可缺少的一项内容，它列出了文档中的各级标题及其所在的页码。目录一般包含二级目录和三级目录。下面介绍在 Word 长文档中制作目录

1. 插入目录

（1）打开 Word 文档，设置好文档的样式，包括标题、正文等内容的格式。将要生成一级目录的标题设置为"标题1"，生成二级目录的标题设置为"标题2"，生成三级目录的标题设置为"标题3"。

（2）将鼠标指针定位在要生成目录的位置，通常是文档的最前面。

（3）打开"引用"选项卡，在"目录"功能组中，单击"目录"按钮，打开"目录库"，选择任意一种目录，如图4-66 所示。

目录生成后，将鼠标指针移到相应的条目上，按住"Ctrl"键并单击，可以直接切换到相应的章节。

2. 更新目录

目录产生以后，如果再次对正文进行编辑或修改，则目录中的标题和页码都可能发生变化，但是目录不会自动变化，因此必须手动更新目录。

单击"更新目录"按钮，弹出如图4-67 所示的"更新目录"对话框，在该对话框中进行相应的选择，单击"确定"按钮即可。

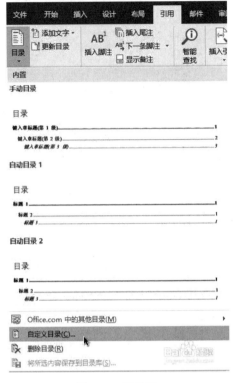

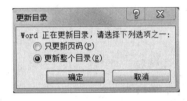

图4-66　目录库　　　　　　　　　图4-67　"更新目录"对话框

4.4.4　邮件合并

邮件合并是一种批量处理功能。如果要通过电子邮件向多人发送同一封邮件，或者打印一批内容相同而通知对象不同的通知，则可以使用邮件合并功能。邮件合并将邮件的每个收件人作为独立收件人。

使用邮件合并功能涉及以下三个文件。

（1）主文档。主文档包括所有文件共有的内容（如通知中的相同内容）。它包含对于合并文档的每个版本都相同的文本。

（2）数据源。数据源用来保存通知内容中的不同部分，又被称为收件人列表。

（3）合并文档。合并文档是主文档和邮寄列表的组合。软件将从邮寄列表中提取信息并将其置于主文档中，为邮寄列表中的每个人生成个性化的合并文档。

先建立两个文件：一个 Word 文件（主文档）和一个 Excel 文件（数据源）。然后使用邮件合并功能在主文档中插入变化的信息，即合并域，合成后的文件可以保存为 Word 文件，可以打印出来，也可以以邮件的形式发送出去。具体步骤如下。

1. 创建主文档

创建主文档，如图4-68 所示。

2. 创建数据源

数据源通常是 Excel 电子表格，用户也可以在 Word 中选择"邮件"→"选择收件人"→"键入新列表"选项，弹出"新建地址列表"对话框，如图4-69 所示。使用此方法创建的是 Access 数据库表。当然也可以使用已有的数据源。

在"新建地址列表"对话框中，单击"自定义列"按钮，弹出"自定义地址列表"对话框（见图4-70），在此对话框中可以添加、删除或重命名字段。

单击"确定"按钮，保存此地址列表，则"新建地址列表"对话框显示刚刚添加的字段，如图4-71所示。

输入收件人的姓名及各科成绩。

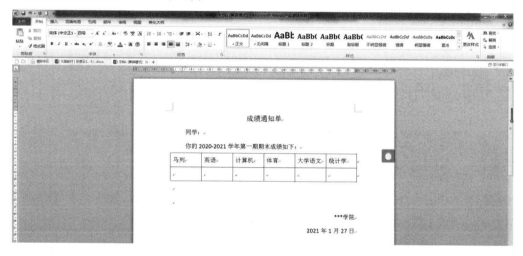

图4-68　创建主文档

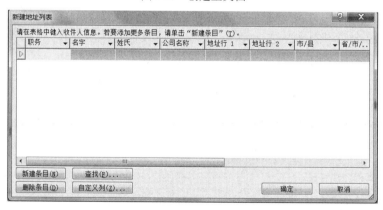

图4-69　"新建地址列表"对话框

图4-70　"自定义地址列表"对话框

图4-71　显示已添加的字段

3. 插入合并域

在主文档中将光标定位到相应的位置，单击"插入合并域"按钮，插入对应的字段，如图4-72所示。

4. 完成合并

单击"编辑单个文档"按钮，弹出"合并到新文档"对话框，设置要合并的记录，完成合并，如图4-73所示。

图4-72 单击"插入合并域"按钮　　　图4-73 "合并到新文档"对话框

4.4.5 审阅修订文档

我们在工作过程中会经常遇到给别人检查文档，或者批改作业、报告等情况，如果想让别人知道更改了哪些地方，可以使用修订功能。

（1）打开 Word 文档，在"审阅"选项卡的"修订"功能组中单击"修订"下拉按钮，如图4-74所示。可以看到"修订"下拉按钮处于被选中状态。

（2）分别对文档中的文字进行修改、删除、插入等操作，查看效果，将光标放在文档的首页，单击"下一条"或"上一条"按钮，选中各修改处，单击"接受"或"拒绝"按钮，确认对文档的修改，如图4-75所示。

图4-74 修订功能组

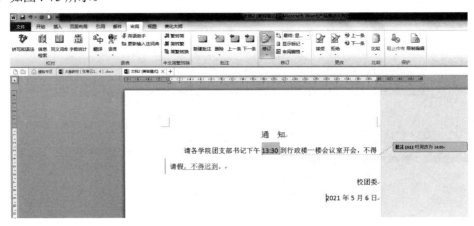

图4-75 确认对文档的修改

（3）当所有的修订结束之后，在"审阅"选项卡的"修订"功能组中单击"修订"下拉按钮，这时"修订"下拉按钮处于未被选中状态。

（4）选中要修改的文字，单击"新建批注"按钮，插入批注，输入修改的建议。

习题4

（1）计算表4-5中的总分、平均分、最高分和最低分。

表4-5　分数表

姓名	成绩			
	英语	计算机	语文	总分
张	80	98	72	
李	91	75	80	
王	75	66	92	
周	95	70	80	
平均分				
最高分				
最低分				

（2）将下列文字转换为表格。

姓名，　性别，　民族，　毕业学校，　年龄
张，　男，　白族，　北京大学，　45
李，　女，　傣族，　云南民族大学，　38
王，　男，　阿昌族，　中央民族大学，　30
赵，　男，　汉族，　中山大学，　28

（3）利用所学知识，对如图4-76所示的文档进行排版。

中国十大名花之一：独立冰霜的菊花

中国的十大名花之一，为多年生宿根草本植物，茎直立多分枝，叶卵形或广披针形，边缘深裂。菊花独立冰霜，坚贞不屈，格外受到人们的青睐。其菊花的花还可以入药，有清热、明目、降血压的功效。

菊花（拉丁学名：Dendranthema morifolium（Ramat）Tzvel.），在植物分类学中是菊科、菊属的多年生宿根草本植物。按栽培形式分为多头菊、独本菊、大立菊、悬崖菊、艺菊、案头菊等栽培类型；有按花瓣的外观形态分为园抱、退抱、反抱、乱抱、露心抱、飞午抱等栽培类型。不同类型里的菊花又命名各种各样的品种名。

菊花是中国十大什剩之一，也是世界四馨、唐菖蒲）之一。产量的品格，才有陶渊明的的名句，菊花由此得了人有重阳节赏菊和饮菊《过故人庄》："待到重神话传说中菊花还被赋日本，菊花是皇室的象征，色不尽同。

花之三，花中四君子（梅兰大切花（菊花、月季、康乃居首。因菊花具有凌寒傲雪"采菊东篱下，悠悠见南山""花中隐士"的封号。中国花酒的习俗。唐·孟浩然阳日，还来就菊花。"在古予了吉祥、长寿的含义。在菊花的期盼多种多样，含意色不尽同。

菊花为多年生草本，高 60-150 厘米。茎直立，分枝或不分枝，被柔毛。叶互生，有短柄，叶片卵形至五公分，羽状浅裂或半裂，基色白色短柔毛，边缘有粗大锯模形，有柄。头状花序单生枝顶端，直径 2.5-20 厘米，或数个集生於茎枝顶端；因很大。

披针形，长 5-15 部椭形，下面被齿或深裂。基部或数个集生于茎大小不一，单个品种不同，差别很大。

总苞片多层，外层绿色，条形，边缘膜质，外菌被菜头：舌状花白色、红色、紫色或黄色。花色测有红、黄、白、橙、紫、粉红、暗红等各色。筒黄的沿丝极多，头状花序多变化，形色各异，形状因品种可有倒卵、平瓣、起瓣等多种类型，治中至管状花，筒全部特化或呈式舌状花；花期 9-11 月。果圆，瘦扁和果实多不发育。

图4-76　习题（3）

第5章 Excel 电子表格

5.1 Microsoft Excel 概述

Microsoft Excel（简称 Excel）是 Microsoft Office 套装办公软件的重要组件之一，可以进行复杂的表格处理和数据分析。直观的界面、出色的计算功能和丰富的图表工具，使 Excel 成为最流行的数据处理软件之一。

5.1.1 Microsoft Excel 工作界面

启动 Excel，其工作界面如图 5-1 所示。新建一个空白工作簿，默认文件名为"工作簿 1.xlsx"。

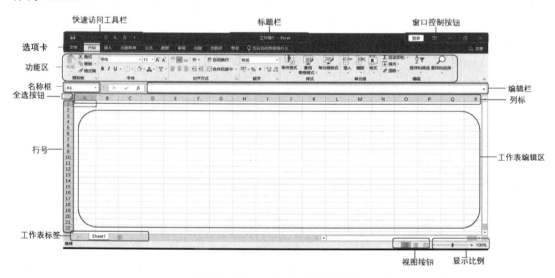

图 5-1　Microsoft Excel 工作界面

从图 5-1 中可以看出，Excel 的选项卡与 Word 的选项卡大致相同，但在选项卡下方有名称框和编辑栏。名称框可以显示选中的单元格地址，可以在编辑栏中编辑单元格中的值和公式。在名称框和编辑栏之间是工作按钮，可以确认、取消输入的内容，还可以快速打开"插入函数"对话框。

5.1.2 相关概念

Excel 的主要操作对象是工作簿、工作表和单元格。一个工作簿文件中至少有一张工作表，每张工作表有多个单元格，如图 5-2 所示。

工作簿 —— 单元格 —— 工作表 ——
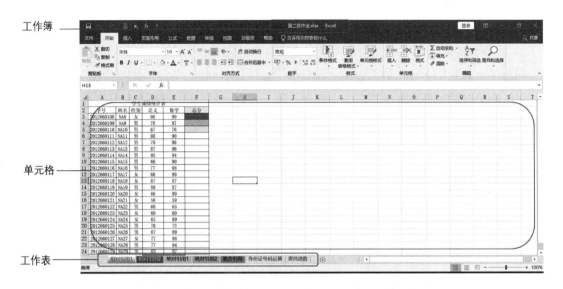

图5-2 工作簿、工作表和单元格的关系

1. 工作簿

Excel 是以工作簿为单位来处理和存储数据的，工作簿文件是 Excel 存储在磁盘上的最小独立单位，一个 Excel 文件就是一个工作簿，其扩展名为 ".xlsx"，它由多个工作表组成，在 Excel 中，数据和图表都是以工作表的形式存储在工作簿文件中的。

2. 工作表

工作表是单元格的集合，通常被称为电子表格。若干工作表构成一个工作簿，工作表是通过工作表标签来标识的。一个工作簿至少要包含一张工作表，用户可以通过单击不同的工作表标签来切换工作表。在使用工作簿文件时，只有一个工作表是当前活动的工作表，这张表被称为活动工作表。

3. 单元格

单元格是工作表中的小方格，它是工作表的基本元素，也是 Excel 中独立操作的最小单位，用户可以在单元格中输入文字、数据和公式等，也可以对单元格进行字体、颜色、长度、宽度、对齐方式等设置。单元格的位置是通过它所在的行号和列标来确定的。同一水平位置的单元格构成一行，每行有用来标识该行的行号，行号用阿拉伯数字表示；同一垂直位置的单元格构成一列，每列有用来标识该列的列标，列标用英文字母表示。例如，C10 单元格是第 C 列和第 10 行交汇处的小方格。

在 Excel 中，每一个单元格都有一个唯一的地址，被称为单元格地址，该地址用单元格所在的列标和行号来表示。例如，在图5-2 中，在名称框中显示的 "H13" 就是单元格地址，表示其行号为13，列标为 H。

5.1.3 电子表格的操作

对工作簿的新建、打开、保存和另存为等操作与 Word 类似，本节主要介绍对工作表的操作。

1. 选择工作表

如果要选择某一个工作表，则单击相应的工作表标签即可。若要选择两个或多个相邻的工作表，则可以首先单击该组第一个工作表，然后按住"Shift"键不放，并单击该组中最后一个工作表标签。若要选择两个或多个不相邻的工作表，则可以首先单击第一个工作表，然后按住"Ctrl"键不放，再单击其他工作表标签。如果用户需要选择工作簿中的所有工作表，则可以右击工作表标签，在弹出的快捷菜单中选择"选定全部工作表"选项即可。

2. 插入工作表

在工作簿中插入工作表有多种方法，如单击工作表标签右侧的"插入工作表"按钮直接插入工作表，如图5-3所示，或者单击"开始"选项卡的"单元格"组中的"插入"按钮插入工作表，还可以通过右键菜单插入工作表。

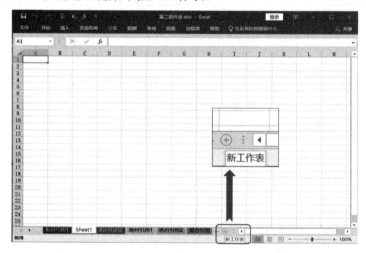

图5-3 单击"插入工作表"按钮插入工作表

3. 重命名工作表

工作表的默认名称为 Sheet1、Sheet2 和 Sheet3 等，这类名称不便于用户区分工作表内容。右击需要重命名的工作表标签，在弹出的快捷菜单中选择"重命名"选项，或者双击要重命名的工件表标签，当前名字即被选中，这时输入新名字，按"Enter"键即可完成工作表的重命名。

4. 移动和复制工作表

移动工作表其实就是调整工作簿中工作表的相对位置，或者是将工作表移至其他工作簿中。单击要移动的工作表标签，然后按住鼠标左键不放进行拖动，在拖动的过程中有一个黑三角随着移动，黑三角的位置即工作表要移动到的新位置。复制工作表其实就是将工作表中所有单元格的内容、格式和该工作表的页面设置参数，以及自定义区域名称等复制后在一个新工作表中呈现。也可以右击需要复制和移动的工作表标签，弹出如图5-4所示的对话框，选择想移动到的位置，选中"建立副本"复选框，单击"确定"按钮。

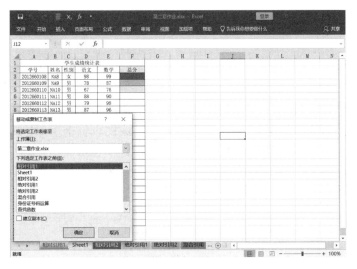

图5-4 "移动或复制工作表"对话框

5. 拆分工作表

拆分工作表就是将当前活动的工作表窗口拆分为2个或4个窗口,并且在每个拆分的窗口中都可以通过滚动条来显示整个工作表。具体操作步骤为:选择工作表→选择作为拆分点的单元格→单击"视图"选项卡的"窗口"组中的"拆分"按钮。此时以选定单元格为基准,将当前工作表窗口拆分为4个窗口。在每个窗口中,用户都可以拖动滚动条查阅表格内容,该方法可用于比较同一个工作表中不同部分的数据。

6. 保护工作表

为了防止其他用户意外或有意更改、移动或删除工作表中的数据,可以锁定 Excel 工作表上的单元格,然后使用密码保护工作表。具体步骤如下。

(1)选择"审阅"选项卡,在"更改"组中单击"保护工作表"按钮,弹出"保护工作表"对话框,如图5-5所示。

图5-5 "保护工作表"对话框

（2）在"取消工作表保护时使用的密码"文本框中输入取消工作表保护时使用的密码，单击"确定"按钮。

（3）弹出"确认密码"对话框，在"重新输入密码"文本框中输入相同的密码，单击"确定"按钮。

（4）切换至"开始"选项卡，此时可看到功能区中的按钮全部变为灰色，双击任意单元格。在弹出的对话框中显示"您试图更改的单元格或图表位于受保护……"信息，表示该工作表已受密码保护，如图5-6所示。

图5-6 保护工作表提示信息

7. 设置允许用户编辑区域

允许用户编辑区域是指允许用户编辑受保护工作表中的某些单元格区域，所设置的允许编辑区域仍然需要通过输入密码来获取编辑权限，并且整个工作表仍然处于受保护状态。下面介绍设置允许用户编辑区域的操作步骤。

（1）在"审阅"选项卡的"更改"组中单击"允许用户编辑区域"按钮。

（2）弹出"允许用户编辑区域"对话框，此时没有任何在工作表受保护时允许编辑的区域，需要手动新建，单击"新建"按钮。

（3）弹出"新区域"对话框，在"标题""引用单元格""区域密码"文本框中分别输入相应的内容，单击"确定"按钮。

（4）弹出"确认密码"对话框，在"重新输入密码"文本框中再次输入密码，单击"确定"按钮，如图5-7所示。

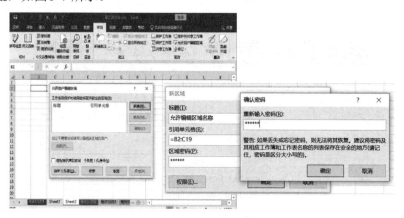

图5-7 设置允许用户编辑区域（一）

（5）返回"允许用户编辑区域"对话框，可以看到，添加的权限区域范围已经在"工作表受保护时使用密码取消锁定的区域"列表框中。

（6）在"允许用户编辑区域"对话框中单击"保护工作表"按钮。

（7）弹出"保护工作表"对话框，在"取消工作表保护时使用的密码"文本框中输入密码，再单击"确定"按钮，如图5-8所示。

（8）弹出"确认密码"对话框，在"重新输入密码"文本框中输入密码，再单击"确定"按钮。

（9）返回工作表中，可以看到"审阅"选项卡的"更改"组中的"允许用户编辑区域"选项变为灰色，双击可编辑区域单元格，弹出"取消锁定区域"对话框，在文本框中输入设置的区域密码，单击"确定"按钮。此时，可编辑单元格呈可编辑状态，修改后按"Enter"键，即可看到对应的显示效果。

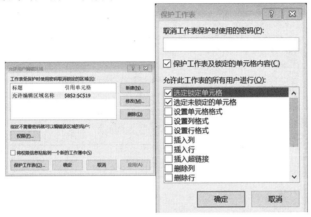

图5-8　设置允许用户编辑区域（二）

5.2　数据输入

在 Excel 中，单元格是存放表格基本内容的最小容器，每个单元格都可以输入的数据主要包括数值、文本、公式、布尔值等类型。数值和文本可以在单元格中直接输入，这些数据包括数值、日期、时间、文字等，而且在编辑完这些数据后其值保持不变。公式则是以"="（等号）开始的一串数值、单元格引用、函数、运算符号的集合，它的值会随着工作表中引用单元格的变化而发生变化。

5.2.1　基本类型输入

Excel 中的文本通常是指字符或任何数字和字符的组合，输入到单元格内的任何字符，只要不被系统解释成数字、公式、日期、时间或逻辑值，则 Excel 一律将其视为文本。在 Excel 工作表中，数值型数据是最常见、最重要的数据类型。

1. 输入文本

在工作区中输入文本的具体操作步骤如下：选定要输入文本的单元格，直接在其中输入文本内容，按"Enter"键或单击另外一个单元格即可完成输入。在 Excel 中，对于全部由数字组成的字符串，如邮政编码、电话号码等，为避免被认作数值型数据，Excel 要求在这些输入项前添加英文单引号，从而表明这些数据是"数字字符串"而非"数字"。

2. 输入数值

在 Excel 中，数值是指能够参加算术运算的数值型数据，它不仅包括0～9这10个数字，而且还包括其他一些特殊符号，如 E、￥、$、%、小数点等。默认情况下，Excel 将数值沿单元格右对齐。在 Excel 中，数值输入时的状态与数值最终的显示效果未必相同，如果输入的数值太长，则 Excel 会自动以科学计数法表示。

当在单元格中要输入特定数字时，如人民币符号等，不必输入人民币符号、美元符号或其他符号，用户可以预先进行设置，以使 Excel 能够自动添加相应的符号。如图5-9所示为设置货币数字的单元格格式。

图5-9　设置货币数字的单元格格式

当在单元格中输入分数时，如果按普通方式输入分数，则会将其转换为日期。例如，在单元格中输入"1/5"，Excel 会将其当作日期，显示为"1月5日"。因此要输入分数时，需要在其前面输入整数部分，如"0 1/5"（要求在整数部分和分数部分之间输入一个空格）。这样，Excel 才将该数作为一个分数处理，并将该分数转为小数保存。

3. 输入日期和时间

Excel 将日期存储为一个序列号，即在 Excel 中日期只是一个数字，是一个从1900年1月1日以来所代表的天数。序列号1对应1900年1月1日，序列号2对应1900年1月2日，以此类推。例如，序列号39448对应的日期是2008年1月1日。Excel 支持两种日期系统：1900日期系统和1904日期系统。默认情况下，Excel 在 Windows 系统中使用1900日期系统。Excel 同样以数值来存储与处理时间值。当需要处理时间值时，只要将 Excel 的日期序列号扩展到小数即可，也就是说，在 Excel 中使用小数来处理时间。每天为1，每小时可记为二十四分之一。

在 Excel 中，当在单元格中输入系统可识别的时间和日期型数据时，单元格的格式就会自动转换为相应的"时间"或"日期"格式，而不需要专门设置。在单元格中输入的日期采取右对齐的方式，如果系统不能识别输入的日期或时间格式，则输入的内容将被视为文本，并在单元格中左对齐。

若要使用其他日期和时间格式，则可以在"设置单元格格式"对话框中进行设置。系统默认输入的时间是按24小时制输入的，若要以12小时制输入时间，则要在时间后输入一个空格，再输入 AM（或 A，表示上午）、PM（或 P，表示下午）。在单元格中，要输入当前日期则按"Ctrl+；"组合键，要输入当前时间则按"Ctrl+Shift+；"组合键。

4. 输入公式

公式是在工作表中对数据进行分析的等式，它可以对工作表数值进行加、减、乘、除等运算。公式可以直接对数值进行运算，也可以引用同一工作表中的其他单元格、同一工作簿不同工作表中的单元格或其他工作簿的工作表中的单元格。当引用其他单元格时，需要指明该单元格地址。

在工作表中输入公式的具体操作如下：选定需要输入公式的单元格，在单元格中输入公式，如输入"=1+2"，输入完后按"Enter"键或单击编辑栏左侧的"输入"按钮，便在选定单元格中得出了计算结果。

5.2.2 有效性设置

在 Excel 里处理数据时，为确保输入的数据是有效数据，需要添加数据有效性的设置，以提高数据输入的正确率。数据有效性的设置过程如下。

（1）选中需要进行数据有效性设置的单元格，单击"数据"选项卡，在"数据工具"组中单击"数据验证"下拉按钮，如图5-10所示。

（2）在下拉列表里，选择"数据验证"选项。

（3）弹出"数据验证"对话框，在"设置"选项卡的"验证条件"下"允许"下拉列表中选择"整数""小数""序列"等选项。

图5-10 单击"数据验证"下拉按钮

整数的数据有效性设置如图5-11所示。将"最小值"和"最大值"分别设置为0和100，单击"确定"按钮。这样选定的单元格就能验证数据有效性了，只能输入0～100的整数，如输入85是允许的，但如果输入的是110，则是不能满足条件的，系统是不接收这个数据的。小数的数据有效性设置与此类似。

图5-11　整数的数据有效性设置　　　　　　图5-12　序列的数据有效性设置

序列的数据有效性设置如图5-12所示。将"来源"设置为"数计学院,体育学院,艺术学院,化环学院",单击"确定"按钮。设置后的单元格只能输入"数计学院""体育学院""艺术学院"或"化环学院"。

4. 输入信息、出错警告的应用

输入信息：当单击单元格时，会提示单元格需注意的特殊信息，如图5-13所示。

出错警告：当输入信息错误时，提示出错，并停止输入，如图5-14所示。

图5-13　输入信息　　　　　　　　　图5-14　出错警告

5.2.3　数据填充

Excel中最有用的功能之一就是自动填充序列功能。一个序列可以是一组数字（如1、2、3或2、4、6）或字母（如A、B、C），也可以是一组日期，如Jan-2013、Feb-2013、Mar-2013或工作日，用户甚至可以自定义序列，Excel将自动填充。

在用户自己的工作表上使用自动填充功能，首先应在工作表中输入序列的前几个值，选定这些值所在区域；然后将鼠标指针移动到选定区域的右下角的填充句柄上，鼠标指针变成实心的十字形，按下鼠标左键的同时，拖动指针覆盖希望填充的单元格区域；最后释放鼠标左键，序列填充即可完成。

（1）编辑自定义列表。选择"文件"→"选项"选项，弹出"Excel选项"对话框，然后单击"高级"选项中的"编辑自定义列表"按钮，弹出"自定义序列"对话框，创建序列，如图 5-15 所示。

图 5-15　"自定义序列"对话框

（2）由菜单产生数值序列。选定一个单元格，在单元格中输入初值，再选中填充区域，选择"开始"→"编辑"→"填充"→"序列"选项，弹出"序列"对话框，如图 5-16 所示。在"序列产生在"区域中选中"行"或"列"单选钮；在"类型"区域中选择序列类型，如果选中"日期"单选钮，则还要选择"日期单位"；在"步长值"文本框中输入等差、等比序列增减、相乘的数值，在"终止值"文本框中输入一

图 5-16　由菜单产生数值序列

个序列终值不能超过的数值，如果在产生序列前没有选定序列产生的区域，则必须输入终值。

5.3　数据格式化

5.3.1　基本数据格式化

建立和编辑工作表后，就可以对工作表中各单元格的数据进行格式化设置，使工作表的外观更合理，排列更整齐，重点更突出。

1. 设置数字格式

在 Excel 工作表中，数据可以有多种显示形式，如货币、会计专用、日期、时间、百分比、分数等。用户可以通过设置数据格式来改变数字的显示形式，如图 5-17 所示。

2. 设置对齐方式

Excel 提供的数据对齐方式主要包括水平对齐和垂直对齐两大类。其中，水平对齐包括左对齐、居中对齐和右对齐三种，垂直对齐包括顶端对齐、垂直居中和底端对齐三种。通过调整表格中数据的对齐方式，可以使表格显得更加整齐和规范。

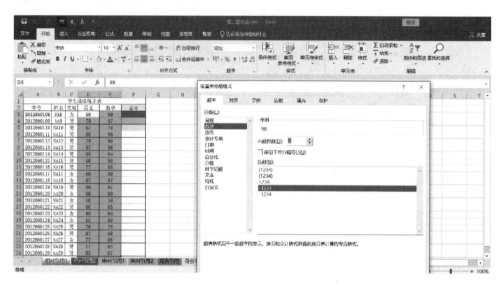

图5-17　设置数字格式

3. 设置文字格式

为了让工作表中的文字不再单调，用户可以对工作表中数据的文字格式进行设置，即对字体、字形、字号、颜色进行设置，从而将不同含义的数据设置成不同的格式。

4. 设置列宽和行高

由于工作表使用默认的行高与列宽，可能导致数据表中的某些文本无法完全显示出来，因此需要手动更改行高与列宽。

（1）选定单元格区域，在"开始"选项卡的"单元格"组中单击"格式"下拉按钮，在弹出的下拉列表中选择"行高"选项；或者右击行号，在弹出的快捷菜单中选择"行高"选项，弹出"行高"对话框，如图5-18所示。

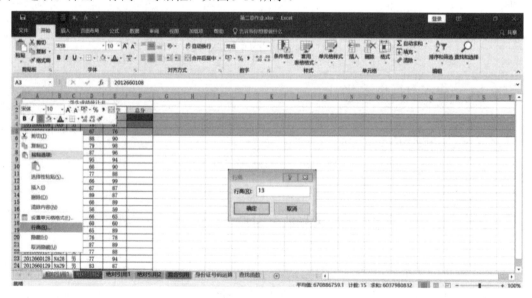

图5-18　设置行高

（2）在"行高"对话框的"行高"文本框中输入行高数值，单击"确定"按钮。

同样，选定目标单元格区域，在"开始"选项卡的"单元格"组中单击"格式"按钮，在弹出的下拉列表中选择"列宽"选项；或者右击列标，在弹出的快捷菜单中选择"列宽"选项，弹出"列宽"对话框，在"列宽"文本框中输入列宽数值，如图5-19所示。

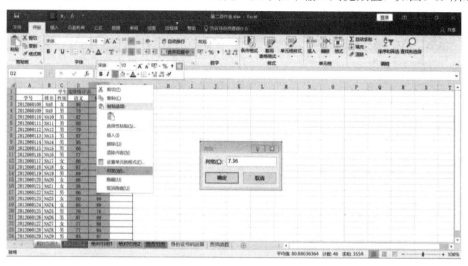

图5-19　设置列宽

5．样式使用

Excel 含有多种内置的单元格样式，以帮助用户快速格式化表格。单元格样式的作用范围是被选定的单元格区域，未被选定的单元格则不会应用单元格样式。在 Excel 中使用单元格样式的步骤如下。

（1）打开 Excel 工作表，选定准备应用单元格样式的单元格。

（2）在"开始"选项卡的"样式"组中单击"单元格样式"下拉按钮，在打开的单元格样式列表中选择合适的样式即可，如图5-20所示

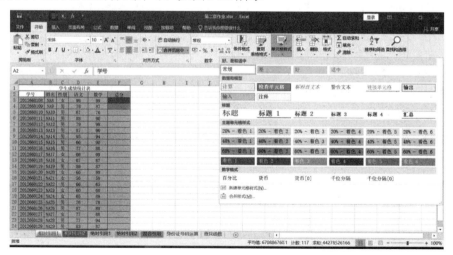

图5-20　选择单元格样式

5.3.2　电子表格格式设置示例

打印表格或展示电子表格时，需要设置页面。在"页面布局"选项卡中单击"页面设置"组右下角的扩展按钮，在弹出的"页面设置"对话框中进行设置。在本节中，以学生成绩表（见图5-21）的格式设置为例，介绍 Excel 电子表格打印和排版过程。

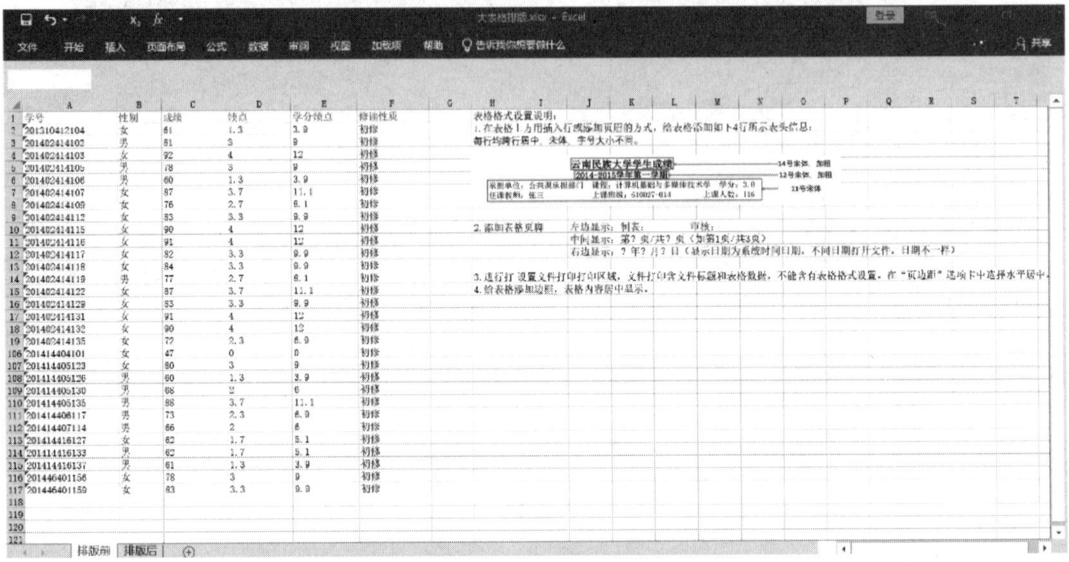

图5-21　待排版表格

（1）在表格上方用插入行或添加页眉的方式，给表格添加如图5-22所示的标题信息，每行均跨行居中，字体为宋体，字号大小不同。

图5-22　表格标题信息

（2）添加表格页脚。

左边显示"制表：　　审核：　　"。

中间显示"第？页/共？页"，如"第1页/共3页"。

右边显示"？年？月？日"，显示日期为系统时间日期，在不同日期打开文件，显示的日期不一样。

（3）进行打印标题行设置，让标题信息在每一页都能显示。设置文件打印区域、顶端标题行、打印顺序等内容，如图5-23所示。在"页边距"选项卡的"居中方式"区域中选中"水平"复选框。

图5-23　设置打印区域和顶端标题行等内容

（4）给表格添加边框，表格内容居中显示。打印预览效果如图5-24所示。

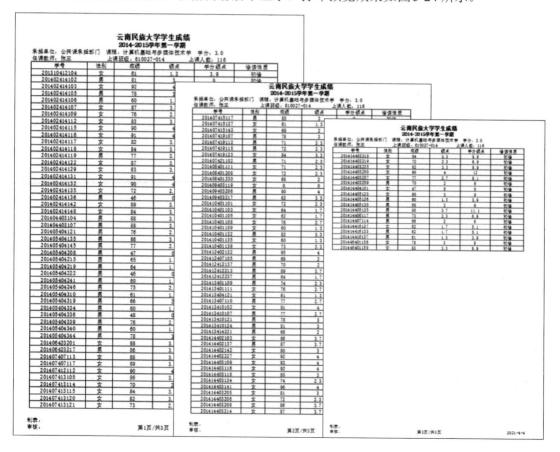

图5-24　打印预览效果

5.4 公式与函数

分析和处理 Excel 工作表中的数据，离不开公式和函数。公式是函数的基础，它是单元格中的一系列值、单元格引用、名称或运算符的组合，并可以生成新的值。函数是 Excel 预定义的内置公式，可以进行数学、文本、逻辑的运算，或者查找工作表的信息，与直接使用公式相比，使用函数进行计算的速度更快，同时减少了错误的发生。

5.4.1 公式概述

公式是在工作表中对数据进行分析的等式，它可以对工作表数值进行加、减、乘、除等运算，公式可以引用同一工作表中的其他单元格、同一工作簿不同工作表中的单元格或其他工作簿中工作表中的单元格。

运算符用于对公式中的元素进行特定类型的运算，Excel 包含四种运算符：算术运算符、比较运算符、文本运算符和引用运算符。

（1）算术运算符。算术运算符是用户最熟悉的运算符，它可以完成基本的数字运算，如+、−、*（乘）、/（除）、^（方幂）、%（百分比）等，用于连接数字并产生数字结果。

（2）比较运算符。比较运算符可以比较两个数值，并产生逻辑值 TRUE 或 FALSE。若条件相符，则产生逻辑真值 TRUE；若条件不符，则产生逻辑假值 FALSE。比较运算符包括=、>、<、>=、<=、<>（不等于）。

（3）文本运算符。文本运算符"&"可以将两个文本连接成一个新的文本，如"North"&"West"产生"NorthWest"。

（4）引用运算符。引用运算符可以将单元格区域合并计算。常用的引用运算符如表 5-1 所示。

表 5-1　常用的引用运算符

引用运算符	含义
:	区域运算符，对两个引用之间（包括两个引用在内）的所有单元格进行引用
,	联合运算符，将多个引用合并为一个引用
空格	交叉运算符，表示几个单元格区域所重叠的那些单元格

如果在公式中同时使用了多个运算符，则会按运算符优先级进行运算，优先级最高为引用运算符，然后依次为算术运算符、文本运算符和比较运算符；如果公式中包含多个相同优先级的运算符，则参照表 5-2 进行运算。

表5-2　运算符优先级

运算符（优先级从高到低）	说明
:	区域运算符
,	联合运算符
空格	交集运算符
−	负号
%	百分比
^	乘幂
*和/	乘法和除法
+和−	加法和减法
&	文本运算符
=、>、<、>=、<=、<>	比较运算符

注意：在公式中用到的符号，如逗号、冒号、括号等都要用英文符号。在输入公式时，若需要引用单元格数据，则可以直接输入单元格地址，或者利用鼠标选择单元格来填充单元格地址。

5.4.2　单元格的引用

在使用公式和函数进行计算时，往往需要引用单元格中的数据。通过引用可以在公式中使用同一个工作表的不同部分的数据，或者在多个公式中使用同一单元格或区域中的数据，还可以引用相同工作簿中不同工作表的单元格和其他工作簿的单元格中的数据。

在 Excel 中可以移动和复制公式，当移动公式时，公式内的单元格引用不会更改；而当复制公式时，单元格引用将根据引用类型而变化。单元格引用方式分为相对引用、绝对引用和混合引用。

（1）相对引用。相对引用是运用公式时默认的单元格引用方式。相对引用是指引用单元格的相对地址，即被引用的单元格与公式所在的单元格之间的位置是相对的。如果公式所在的单元格的位置发生了变化，那么引用的单元格的位置也会相应地发生变化。所以当带有相对引用的公式被复制到其他单元格时，公式内引用的单元格将变成与目标单元格相对位置上的单元格。

如图5-25 所示，在计算总分的过程中，首先计算第一个总分：F3=D3+E3，对公式进行填充或复制时，单元格引用也发生相应的变化。

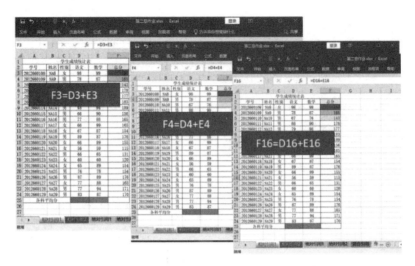

图5-25　相对引用

（2）绝对引用。在行号与列号前都加上绝对地址符号"$"，表示绝对引用。在有绝对引用的公式中，对公式进行填充或复制时，绝对引用的行号与列号将不随着公式位置的变化而变化。

例如，在如图5-26所示的表格中，计算第一个比重：C3=B3/B8，对公式进行填充后，单元格引用B8没有变化。

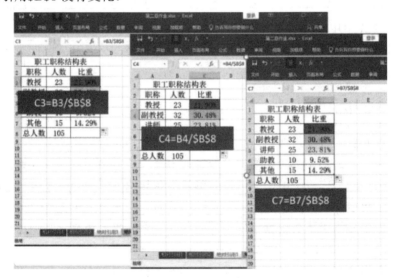

图5-26　绝对引用

（3）混合引用。混合引用是指在公式中引用的单元格地址的行号或列号前不同时加"$"符号。当公式因为复制或插入而引起行或列的变化时，公式中的相对地址会随之变化，而绝对地址仍不变。

如果想引用同一工作簿的其他工作表中的单元格，则在该单元格地址前加上"工作表标签名称!"，格式如下：

=工作表标签名称!单元格地址

如果想引用其他工作簿的工作表中的单元格，则在该单元格地址前加上"［工作簿名称］"和"工作表标签名称！"，格式如下：

=［工作簿名称］工作表标签名称！单元格地址

5.4.3　函数

Excel 中的函数是指预先建立好的公式，拥有固定的计算顺序、结构和参数类型，用户只须指定函数参数，即可按照固定的计算顺序计算并显示结果。

1. 函数结构

函数一般由函数名和参数组成。函数的一般结构如下：

函数名（参数1，参数2，...）

函数名就是函数的名称，一般代表了函数的用途，比如 SUM 代表求和，AVERAGE 代表求平均，MAX 代表求最大值等。参数可以是数字、文本、逻辑值、数组、错误值或单元格引用。指定的参数都必须是有效参数值。参数也可以是常量、公式或其他函数。每个函数都有返回值，返回的值就是该函数的计算结果。

2. 函数的分类

（1）数学和三角函数。可以进行各种数学计算，比如对数值取整、计算单元格区域中的数值总和或进行一些复杂计算。

（2）日期和时间函数。可以在公式中分析和处理日期值和时间值。例如，获取当前的时间、计算两个时间之间的工作日天数等。

（3）文本函数。可以在公式中处理文字串。例如，可以改变文本的大小写、替换字符串等。

（4）逻辑函数。逻辑函数是进行逻辑运算或复合检验的函数，这类函数主要包括 AND（与）、OR（或）、NOT（非）、IF（逻辑检测）等。虽然个数不多，但使用很广泛，特别是 IF 函数，将 IF 函数和其他函数结合使用，可以实现很多功能。

（5）财务函数。财务函数可以进行一般的财务数据统计和计算，如确定贷款的支付额、投资的未来值或净现值，以及债券或息票的价值。

（6）统计函数。统计函数用于对数据区域进行统计分析。例如，可以统计某次考试的缺考人数、统计某食品加工厂的经营信息。

（7）信息函数。信息函数可以返回存储在单元格中的数据的类型，同时还可以使单元格在满足条件的情况下返回逻辑值。例如，可以利用 INFO 函数取得当前操作环境的信息。

（8）工程函数。工程函数主要用于工程分析，可以对复数进行计算，还可以在不同的数字系统（如十进制系统、十六进制系统、八进制系统和二进制系统）之间和不同的度量系统中进行数值转换，比如将十进制转换为二进制数。

（9）数据库函数。数据库函数用于对存储在数据清单中或数据库中的数据进行分析，判断其是否符合某种特定条件。例如，在一个包含销售信息的数据清单中，可以计算出所有销售数值大于100且小于200的记录的总数。

（10）查找和引用函数。查找和引用函数可以在数据清单或表格中查找特定数值，或者查找某一单元格的引用函数。例如，在表格中查找与第一列中的值相匹配的数值。

（11）加载宏和自动化函数。加载宏和自动化函数用于计算一些与宏和动态链接库相关的内容。

（12）多维数据集函数。多维数据集函数用于返回多维数据集中的相关信息，比如返回多维数据集中成员属性的值。

常见函数如表5-3所示。

表5-3　常见函数

函数名	语法	功能
IF	IF(Logical_Test，Value_If_True，Value_If_False)	对指定的条件进行计算，计算结果为 TRUE 或 FALSE，返回不同的结果
LEFT	LEFT (Text，　Num_Chars)	根据所指定的字符数，返回文本字符串中左边的几个字符
MID	MID (Text，　Start_Num，　Num_Chars)	返回文本字符串中从指定位置开始的特定数目的字符
RIGHT	RIGHT (Text，　Num_Chars)	根据所指定的字符数，返回文本字符串中右边的几个字符
DATE	DATE (Year，Month，Day)	返回代表特定日期的序列号，如果在输入函数前，单元格的格式为"常规"格式，则结果将会是日期格式
TODAY	TODAY ()	返回当前日期的序列号，如果在输入函数前，单元格的格式为默认的"常规"格式，则结果将会是日期格式的当前日期
NOW	NOW ()	返回当前日期和时间的序列号，如果在输入函数前，单元格的格式为"常规"，则结果将会是日期格式
YEAR	YEAR (Serial_Number)	返回某日期对应的年份。返回一个 1900～9999 的整数；YEAR(TODAY()) 可返回当前日期的年份
MONTH	MONTH (Serial_Number)	返回日期中的月份。返回一个 1～12 的整数；MONTH(TODAY()) 可返回当前日期的月份
DAY	DAY (Serial_Number)	返回一个 1～31 的数，对应给定日期的日部分；DAY(TODAY()) 可返回当前日期的天数

（续表）

函数名	语法	功能
VLOOKUP	VLOOKUP (Lookup_Value，Table_Array， Col_Index_Num，Range_Lookup)	在表的第一列中查找指定的值，并返回表格当前行中指定列的值
HLOOKUP	HLOOKUP (Lookup_Value，Table_Array， Row_Index_Num，Range_Lookup)	在表格或数值数组的首行中查找指定的数值，并由此返回表格或数组当前列中指定行的数值
LOOKUP	LOOKUP(Lookup_Value，Lookup_Vector，Result_Vector)	从一行或一列或一个数组中查找值
CHOOSE	CHOOSE(Index_Num， Value1，Value2，...)	返回给定列表中的某个数值
MOD	MOD(Number， Divisor)	计算两数相除的余数，其结果的正负号与除数相同
POWER	POWER(Number， Power)	计算给定数值的乘幂
PRODUCT	PRODUCT(Number1， Number2，...)	计算所有参数的乘积
RAND	RAND()	产生一个大于等于 0，小于 1 的均匀分布随机数，每次计算工作表（按"F9"键）将返回一个新的数值
RANDBET-WEEN	RANDBETWEEN(Bottom， Top)	产生位于两个指定数值之间的一个随机数，每次重新计算工作表（按"F9"键）将返回新的数值
SUM	SUM(Number1，Number2，...)	计算某一单元格区域中所有数值之和
SUMIF	SUMIF(Range， Criteria， Sum_Range)	根据指定条件对若干单元格、区域或引用求和
SUMPROD-UCT	SUMPRODUCT(Array1，Array2，Array3，...)	对数组之间对应的元素进行相乘，并返回乘积之和

5.4.4 公式与函数综合应用

在如图 5-27 所示的表格中，用相关函数和公式生成序号，保证删除或增加行后，序号自动变化。根据身份证号码计算出生日期、年龄和性别。

（1）计算序号，如图 5-28 所示，序号为"ROW(B2)-1"，若序号不从第二行开始，则需要调整常数 1。

（2）如图 5-29 所示，计算出生日期，公式为" DATE(MID(B2,7,4),MID(B2,11,2), MID(B2,13,2))"。

（3）如图5-30所示，计算年龄，公式为"YEAR(TODAY())-YEAR(C2)"。

（4）如图5-31所示，计算性别，公式为"IF(MOD(MID(B2,17,1),2),"男","女")"。

序号	身份证号码	出生日期	年龄	性别
	510102196803168532			
	110108197003155758			
	510102197012306112			
	510522197801120254			
	510722198703052716			
	510108197605010913			
	130324197111025111			
	510107197011070031			
	511102198006090736			

图5-27 公式与函数综合应用示例表格

A2　=ROW(B2)-1

序号	身份证号码	出生日期	年龄	性别
1	510102196803168532			
2	110108197003155758			
3	510102197012306112			
4	510522197801120254			
5	510722198703052716			
6	510108197605010913			
7	130324197111025111			
8	510107197011070031			
9	511102198006090736			

图5-28 计算序号

C2　=DATE(MID(B2,7,4),MID(B2,11,2),MID(B2,13,2))

序号	身份证号码	出生日期	年龄	性别
1	510102196803168532	1968-3-16		
2	110108197003155758	1970-3-15		
3	510102197012306112	1970-12-30		
4	510522197801120254	1978-1-12		
5	510722198703052716	1987-3-5		
6	510108197605010913	1976-5-1		
7	130324197111025111	1971-11-2		
8	510107197011070031	1970-11-7		
9	511102198006090736	1980-6-9		

图5-29 计算出生日期

D2　=YEAR(TODAY())-YEAR(C2)

序号	身份证号码	出生日期	年龄	性别
1	510102196803168532	1968-3-16	53	
2	110108197003155758	1970-3-15	51	
3	510102197012306112	1970-12-30	51	
4	510522197801120254	1978-1-12	43	
5	510722198703052716	1987-3-5	34	
6	510108197605010913	1976-5-1	45	
7	130324197111025111	1971-11-2	50	
8	510107197011070031	1970-11-7	51	
9	511102198006090736	1980-6-9	41	

图5-30 计算年龄

序号	身份证号码	出生日期	年龄	性别
1	510102196803168532	1968-3-16	53	男
2	110108197003155758	1970-3-15	51	男
3	510102197012306122	1970-12-30	51	女
4	510522197801120254	1978-1-12	43	男
5	510722198703052716	1987-3-5	34	男
6	510108197605010963	1976-5-1	45	女
7	130324197111025181	1971-11-2	50	女
8	510107197011070031	1970-11-7	51	男
9	511102198006090736	1980-6-9	41	男

E2 =IF(MOD(MID(B2,17,1),2),"男","女")

图5-31　计算性别

5.5　数据处理与分析

5.5.1　排序

1. 按数字简单排序

按数字简单排序就是根据单元格中数值的大小进行升序或降序排序。下面以对"教师加权平均分"降序排序为例，介绍按数字简单排序的操作步骤。右击需要排序的列中的任意单元格，如右击"教师加权平均分"单元格，在弹出的快捷菜单中选择"排序"→"降序"选项，如图5-32所示。

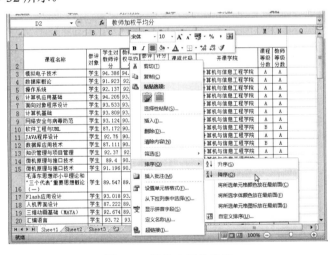

图5-32　按数字简单排序

2. 按颜色简单排序

按颜色简单排序与按数字简单排序相似，排序时可把所选的单元格颜色或字体颜色排在最顶端。这里简单介绍按字体颜色简单排序的操作步骤。

右击"教师加权平均分"列中包含红色字体的单元格（由于本书为黑白印刷，从配图中无法看出红色字体的单元格，请读者在华信教育资源网中查看彩色原图），在弹出的快捷菜单中选择"排序"→"将所选字体颜色放在最前面"选项，如图5-33所示。

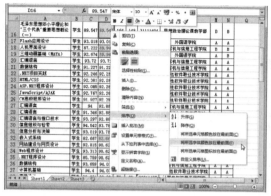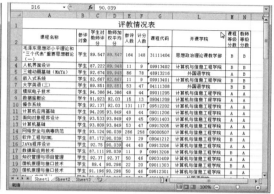

图 5-33　按颜色简单排序

3. 多关键字排序

多关键字排序是指按照设置的主要关键字和次要关键字对数据进行排序。进行多关键字排序时，首先按照"主要关键字"进行排序，当"主要关键字"列中存在相同的数据时，再按照"次要关键字"排序。下面介绍设置多关键字排序的操作步骤。

（1）选择"数据"选项卡，单击"排序"按钮。

（2）弹出"排序"对话框，如图 5-34 所示，单击"主要关键字"右侧的下拉按钮，在弹出的下拉列表中选择主要关键字，这里选择"课程名称"选项。

（3）单击"排序依据"右侧的下拉按钮，在弹出的下拉列表中选择"数值"选项。

（4）单击"次序"右侧的下拉按钮，在弹出的下拉列表中选择"降序"选项。

（5）单击"复制条件"按钮，单击"次要关键字"右侧的下拉按钮，在弹出的下拉列表中选择"教师加权平均分"选项，其"排序依据"和"次序"选项保持默认值。

（6）单击"确定"按钮后返回工作表，表格中的数据首先按"课程名称"降序排序，当"课程名称"相同时，则按"教师加权平均分"降序排序。

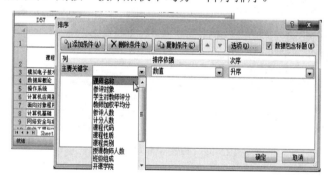

图 5-34　多关键字排序

5.5.2　筛选

在日常办公中，当需要在一系列数据中找到某个范围内的数据时，就可以使用 Excel 的自定义筛选功能。筛选是指在大量数据中，通过设定显示数据的逻辑条件，达到只显示满足指定条件的数据记录的目标。

1. 自定义筛选

（1）如图 5-35 所示，选择 A2:N99 单元格区域。

（2）选择"数据"选项卡，在"排序和筛选"组中单击"筛选"按钮。

（3）此时，将所选区域的第一行作为标题行，这一行的每个单元格右侧都出现了一个下拉按钮。单击"教师加权平均分"右侧的下拉按钮，在弹出的下拉列表中选择"数字筛选"→"自定义筛选"选项。

图 5-35　自定义筛选

（4）弹出"自定义自动筛选方式"对话框，在第一个下拉列表中选择"大于"选项，在其右侧的文本框中输入"92"。选中"与"单选钮；在下方的下拉列表中选择"小于"选项，再在其右侧的文本框中输入"95"，如图 5-36 所示。

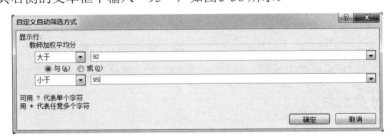

图 5-36　"自定义自动筛选方式"对话框

（5）单击"确定"按钮后返回工作表，工作表已自动筛选出了"教师加权平均分"值大于 92 且小于 95 的记录。

2. 高级筛选

用户在对数据进行筛选时，可能需要设置多个筛选条件，这时就可以运用高级筛选功能。用户可以在工作表的其他空白单元格中设置筛选条件，然后通过"高级筛选"对话框实现高级筛选。具体步骤如下。

（1）如图 5-37 所示，在对应的单元格区域（如 H1:I2 单元格区域或 H5:I8 单元格区域）中输入高级筛选条件，再选择 A2:F117 单元格区域。

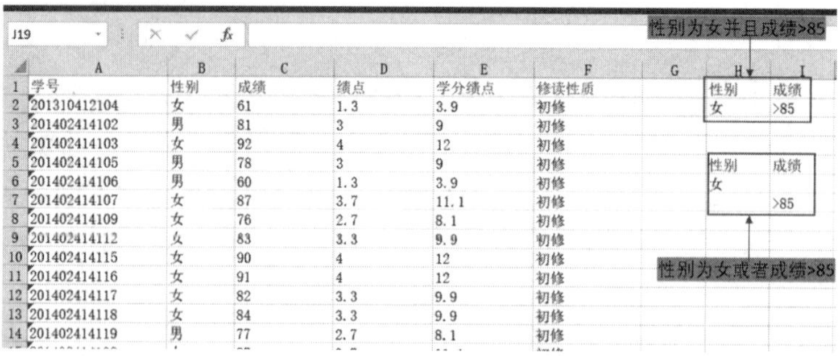

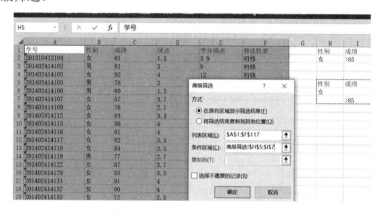

图 5-37 设置高级筛选条件

（2）选择"数据"选项卡，在"排序和筛选"组中单击"高级"按钮，弹出"高级筛选"对话框，以筛选"性别为女或者成绩>85"为例，参数设置如图 5-38 所示，单击"确定"，完成高级筛选。

图 5-38 "高级筛选"对话框

3. 清除筛选

在对工作表进行筛选后，若要取消筛选，将工作表恢复到最初的样子，则可以采用清除功能。操作方法如下：在"数据"选项卡的"排序和筛选"组中单击"清除"按钮。

5.5.3 分类汇总

分类汇总，就是对数据按种类进行快速汇总。在分类汇总前，需要对数据按照分类字段进行排序，让同类内容有效地组织在一起。分类汇总的步骤如下。

（1）选定 L2 单元格，选择"数据"选项卡，在"排序和筛选"组中单击"降序"按钮，按照"开课学院"对数据进行排序。

（2）在"数据"选项卡的"分级显示"组中，单击"分类汇总"按钮。

（3）弹出"分类汇总"对话框，单击"分类字段"右侧的下拉按钮，在弹出的下拉列表中选择分类字段，这里选择"开课学院"选项，如图 5-39 所示。

（4）单击"汇总方式"右侧的下拉按钮，在弹出的下拉列表中选择汇总方式，这里选择"求和"选项。

（5）在"选定汇总项"列表框中选择汇总项，选中"参评人数"和"计分人数"复选框，然后单击"确定"按钮。

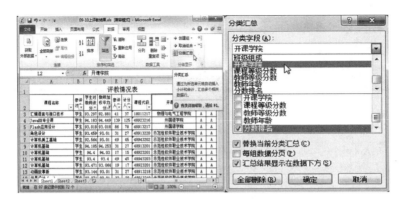

图 5-39 分类汇总设置

5.5.4 合并计算

按位置合并计算就是根据数据在工作表中的位置进行汇总。简单地讲，就是将多个表格中处于相同位置的数据汇总到指定的新工作表中。合并计算支持在同一工作簿或不同工作簿中的数据进行汇总，这一功能以简单的操作方法支持了数据按对应位置、对应标题进行合并与计算的数据处理需求。

为确保每个数据区域都采用数据列组织，在第一行中为要合并的每一列都设置标题，在列表中没有空行或空列。将每个区域分别置于单独的工作表中。不要将任何区域放在需要放置合并结果的工作表中，要合并的列或行的标签应具有相同的拼写顺序和大小写规则。

在如图 5-40 所示的工作簿中，有 4 门课的成绩在不同的工作表中，需在"合并计算平均分"工作表中计算 4 门课的平均成绩。步骤如下。

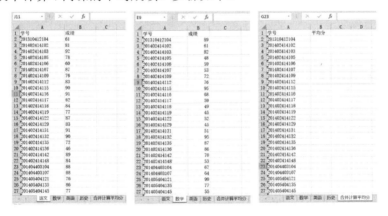

图 5-40 合并计算示例表格

（1）选择"合并计算平均分"工作表中的 B2 单元格。选择"数据"选项卡，在"数据工具"组中单击"合并计算"按钮，弹出"合并计算"对话框，在"函数"下拉列表中选择"平均值"选项，如图 5-41 所示。

（2）单击"引用位置"右侧的折叠按钮，选择"语文"工作表中 B2:B117 单元格区域，返回"合并计算"对话框，如图 5-42 所示。单击"添加"按钮，可将"语文"工作表中的 B2:B117 单元格区域的地址添加到"所有引用位置"列表框中。

（3）使用同样的方法添加其余 3 个表格的引用位置，单击"确定"按钮，完成计算。

图5-41 "合并计算"对话框

图5-42 合并引用位置选择和添加

5.5.5 模拟分析

Excel 提供了三种简单的数据模拟分析方法，单变量求解、模拟数据表和方案管理器。三种方法的共同特点是问题的求解都由两部分组成：一个待求解目标模型和一组与模型相关的变量。

系统通过假设分析求解过程可以获得两种类型的结果：一是能够求得在指定假设目标结果的制约下，与目标相关的某因素（变量）的可行解；二是能够在指定变量值域范围的前提下，观察各变量对模型所产生的影响。

1. 单变量求解

Excel 的单变量求解，是在待求解问题数学模型（公式）已经被确定的前提下，根据对模型所描述目标的确定要求，利用数学模型倒推条件（自变量）指标的逆向分析过程。单变量求解过程如下。

（1）建立正确的数学模型（表达式）。

（2）确定模型中的确定性前提条件与待求解变量（只能有一个）。

（3）建立包含已知前提条件和与其相关的数学模型的数据表。

（4）选择"数据"→"数据工具"→"假设分析"→"单变量求解"选项，在弹出的"单变量求解"对话框中进行问题求解。

【例5-1】设有如下非线性方程式，求解方程的根：

$$2x^3 - 5bx^2 + 8x = 1280$$

（1）数据表设计如图 5-43 所示。

（2）单变量求解设置。在"单变量求解"对话框中进行设置，如图 5-44 所示。

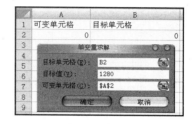

图 5-43　非线性方程式单变量求解数据表设计　　　图 5-44　非线性方程式"单变量求解"对话框

【例5-2】假设购买设备需要一定数量的贷款，已知贷款的还款期限、每月能够提供的还款数额上限，需要确定所能够承受的贷款利率。

（1）数据表设计如图 5-45 所示。

目标模型为"PMT(B3/12, B2, B1)"，计算月还款金额。

（2）单变量求解设置。参数设置如图 5-46 所示。

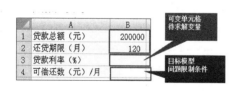

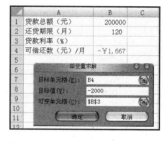

图 5-45　贷款利率求解数据表设计　　　图 5-46　贷款利率求解"单变量求解"对话框

2. 模拟数据表

模拟数据表为用户提供了观察指定数学模型中变量变化的手段，支持用户观察当模型限制条件在指定范围内变化时，即模型中 1～2 个变量发生变化时的模型最终结果的变化情况。也就是说，观察变量在指定范围内变化对模型最终结果所产生的影响。假设分析中的模拟数据表由如下三部分构成：

（1）问题（模型）描述中的数据量（常量和变量）；

（2）模型涉及的变量及其取值范围（只能包括 1～2 个变量，只涉及一个变量被称为单变量数据表，涉及两个变量的被称为双变量数据表）；

（3）问题的数学模型（公式和数量之间的关系表达式）。

①单变量数据表。

【例5-3】 假设预选项目可以获得初始投资 200 000 元，经过分析论证，估计项目的投资建设可以获得年收益 x% 左右，预计可投资时间延续 10 年，需要了解投资各时期投资总额和相关收益情况。

年收益总额的数学模型为"初始投资总额 ×（1+年收益百分比）^投资年"。

· 原始数据表设计如图5-47所示。

· 原始数据准备。C2=B5，并输入不同的年收益率，如图5-48所示。

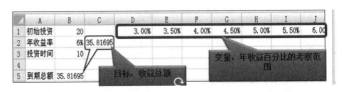

	A	B
1	初始投资	20
2	年收益率	6%
3	投资时间	10
4		
5	到期总额	=B1*(1+B2)^B3

图5-47　投资相关收益计算单变量数据表设计　　　图5-48　投资相关收益计算单变量不同年利率数据表设计

· 单变量模拟数据表创建命令。选择区域 C1:L2，在 C2 单元格中设定目标函数，选择数据表，选择"数据"→"数据工具"→"假设分析"→"数据表"选项，弹出"数据表"对话框，单击"确定"按钮，产生单变量数据表的计算结果，如图5-49和图5-50所示。

图5-49　投资相关收益计算单变量"数据表"对话框

	A	B	C	D	E	F	G	H	I	J	K	L
1	初始投资	20		3.00%	3.50%	4.00%	4.50%	5.00%	5.50%	6.00%	6.50%	7.00%
2	年收益率	6%	35.82	26.8783	28.2120	29.6049	31.0594	32.5779	34.1629	35.8170	37.5427	39.3430
3	投资时间	10										

图5-50　投资相关收益计算单变量数据表计算结果

例5-3的单变量多公式数据表求解，设计三个待观察计算目标：到期总额、总收益、总收益率，如图5-51所示。

	A	B	C	D	E	F	G	H	I	J	K	L
1	初始投资	20		3.00%	3.50%	4.00%	4.50%	5.00%	5.50%	6.00%	6.50%	7.00%
2	年收益率	6%	35.82									
3	投资时间	10	15.82									
4			79%									
5	到期总额	35.82										
6	总收益	15.82										
7	总收益率	79%										

图5-51　投资相关收益计算单变量多公式数据表设计

其中，到期总额=初始投资×（1+年收益率）^投资时间。

总收益=到期总额-初始投资。

总收益率=总收益÷到期总额。

模拟数据表创建步骤如下。

选择区域 C1:L4，在 C2 单元格中设定目标函数，选择数据表，选择"数据"→"数据工具"→"假设分析"→"数据表"选项，弹出"数据表"对话框；单击"确定"按钮，产生单变量多公式数据表的计算结果。如图5-52所示。

	A	B	C	D	E	F	G	H	I	J	K	L
1	初始投资	20		3.00%	3.50%	4.00%	4.50%	5.00%	5.50%	6.00%	6.50%	7.00%
2	年收益率	6%	35.82	26.8783	28.2120	29.6049	31.0594	32.5779	34.1629	35.8170	37.5427	39.3430
3	投资时间	10	15.82	688%	821%	960%	1106%	1258%	1416%	1582%	1754%	1934%
4			79%	34%	41%	48%	55%	63%	71%	79%	88%	97%

图5-52　投资相关收益计算单变量多公式数据表计算结果

②双变量数据表。

【例5-4】两个变量为年收益率和投资时间，计算公式用于求总收益率，年收益率变量的输入值组织形式与单变量数据表的组织形式相同，投资时间的变量输入值组织形式为列格式的列表，并且位置必须设置在行输入值列表的左侧，设置的输入值为可参考的投资年限范围为6，7，…，15。

·原始数据表设计如图5-53所示。

	A	B	C	D	E	F	G	H	I	J	K	L
1	初始投资	20	79.08%	3.00%	3.50%	4.00%	4.50%	5.00%	5.50%	6.00%	6.50%	7.00%
2	年收益率	6%	6									
3	投资时间	10	7									
4			8									
5	到期总额	35.82	9									
6	总收益	15.82	10									
7	总收益率	79%	11									
8			12									
9			13									
10			14									
11			15									

图5-53　投资相关收益计算双变量数据表设计

·模拟数据表创建。选择区域C1:L15，在C1单元格中设定目标函数，选择数据表，选择"数据"→"数据工具"→"假设分析"→"数据表"选项，弹出"数据表"对话框，单击"确定"按钮，产生多变量数据表的计算结果，如图5-54和图5-55所示。

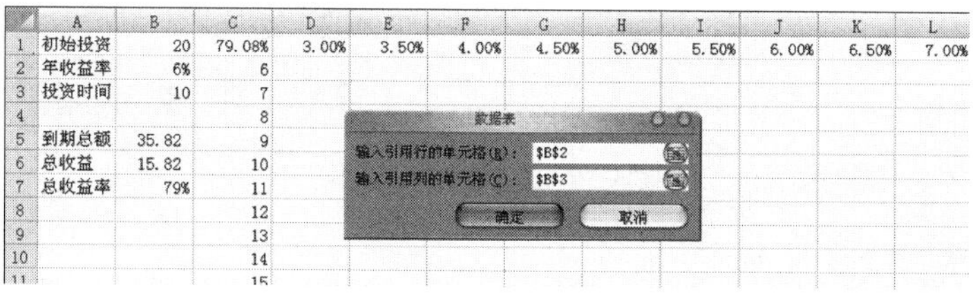

	A	B	C	D	E	F	G	H	I	J	K	L
1	初始投资	20	79.08%	3.00%	3.50%	4.00%	4.50%	5.00%	5.50%	6.00%	6.50%	7.00%
2	年收益率	6%	6									
3	投资时间	10	7			数据表						
4			8		输入引用行的单元格(R):		B2					
5	到期总额	35.82	9		输入引用列的单元格(C):		B3					
6	总收益	15.82	10									
7	总收益率	79%	11		确定		取消					
8			12									
9			13									
10			14									
11			15									

图5-54　投资相关收益计算双变量"数据表"对话框

	A	B	C	D	E	F	G	H	I	J	K	L
1	初始投资	20	79.08%	3.00%	3.50%	4.00%	4.50%	5.00%	5.50%	6.00%	6.50%	7.00%
2	年收益率	6%	6	19.41%	22.93%	26.53%	30.23%	34.01%	37.88%	41.85%	45.91%	50.07%
3	投资时间	10	7	22.99%	27.23%	31.59%	36.09%	40.71%	45.47%	50.36%	55.40%	60.58%
4			8	26.68%	31.68%	36.86%	42.21%	47.75%	53.47%	59.38%	65.50%	71.82%
5	到期总额	35.82	9	30.48%	36.29%	42.33%	48.61%	55.13%	61.91%	68.95%	76.26%	83.85%
6	总收益	15.82	10	34.39%	41.06%	48.02%	55.30%	62.89%	70.81%	79.08%	87.71%	96.72%
7	总收益率	79%	11	38.42%	46.00%	53.95%	62.29%	71.03%	80.21%	89.83%	99.92%	110.49%
8			12	42.58%	51.11%	60.10%	69.59%	79.59%	90.12%	101.22%	112.91%	125.22%
9			13	46.85%	56.40%	66.51%	77.22%	88.56%	100.58%	113.29%	126.75%	140.98%
10			14	51.26%	61.87%	73.17%	85.19%	97.99%	111.61%	126.09%	141.49%	157.85%
11			15	55.80%	67.53%	80.09%	93.53%	107.89%	123.25%	139.66%	157.18%	175.90%

图5-55　投资相关收益计算多变量数据表计算结果

3. 方案管理器

Excel 方案管理器提供了层次性的数据管理方案与计算功能。每个方案在变量与公式计算定义的基础上，能够通过定义一系列可变单元格和对应各变量（单元格）的取值，构成一个方案。在方案管理器中可以同时管理多个方案，从而达到对于多变量、多数据系列及多方案的计算和管理。方案管理器数据表如图 5-56 所示。

（1）选择"数据"→"数据工具"→"假设分析"→"方案管理器"选项，弹出"方案管理器"对话框，如图 5-57 所示。

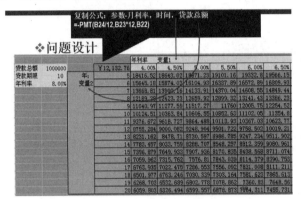

图5-56　方案管理器数据表　　　　　图5-57　"方案管理器"对话框

（2）单击"添加"按钮，弹出"编辑方案"对话框，输入方案名、可变单元格和方案变量值，添加不同的方案，完成设置后，单击"显示"按钮就可以看见不同方案的投资收益，如图 5-58 所示。

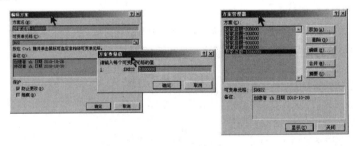

图5-58　添加不同的方案

5.5.6　规划求解

在计划管理中，经常会遇到各种规划问题，如人力资源的调度、产品生产的安排、运输线路的规划、生产材料的搭配、采购批次的确定等。这类问题有一个共同要求，那就是合理利用各种约束资源实现最佳的经济效益，也就是达到利润最大、成本最低、费用最省等目标。这就是本章要解决的在约束条件下寻求目标函数最优的规划问题。

一般来讲，这类规划问题都具有以下三个特点。

（1）所求问题都有单一的目标，如求生产的最低成本、运输的最佳路线、产品的最大盈利值、产品周期的最短时间及其他目标函数的最佳值等。

（2）总是有明确的不等式约束条件。例如，库存不能低于一定的数量，否则造成原料短缺或产品缺货；生产的产品不能超过一定额度，否则会造成商品积压等。

（3）都有直接或间接影响约束条件的一组输入值。

Excel "规划求解" 分析工具可以用来解决线性规划与非线性规划优化问题。通常，"规划求解" 分析工具可以用来解决最多有 200 个决策变量、100 个外在约束和 400 个简单约束（决策变量整数约束的上下边界）的问题。

"规划求解" 是 Excel 中的一个加载宏，要使用 "规划求解" 分析工具，或者利用 "规划求解" 分析工具求解规划问题的大致步骤如下。

（1）建立问题的数学模型。

（2）在 Excel 中建立 Excel 工作表规划模型。

（3）设置 "规划求解参数"。

（4）设置可变单元格：确定决策变量。

（5）设置目标单元格：建立目标函数。

（6）设置约束条件：约束条件可以用线性等式或不等式表示，还可以使用非负约束（≥）和整数约束（Int）。

【例5-5】对于某饲养场饲养的动物，设每只动物至少需690g 蛋白质、28g 矿物质、80mg 维生素。现有五种饲料可供选择，各种饲料每千克营养成分含量及单价如表5-4所示。

表5-4　各种饲料每千克营养成分含量及单价表

饲料	A	B	C	D	E
价格（元/kg）	0.2	0.7	0.4	0.3	0.8
蛋白质/g	3.5	4	2	3	7
矿物质/g	0.1	0.5	0.2	0.2	0.5
维生素/mg	0.2	1	1.5	0.5	2

求解：请给出既满足动物生长的营养需求，又使费用最少的选择饲料的方案。

（1）数学模型。根据题意，用 X_1、X_2、X_3、X_4、X_5 分别表示 A、B、C、D、E 五种饲料的数量（kg），用 COST 表示总费用，则得出如下线性规划数学模型。

目标函数：

$$\text{Min}(\text{COST}) = 0.2X_1 + 0.7X_2 + 0.4X_3 + 0.3X_4 + 0.8X_4$$

约束条件：

$$3.5X_1 + 4X_2 + 2X_3 + 3X_4 + 7X_5 \geqslant 690$$
$$0.1X_1 + 0.5X_2 + 0.2X_3 + 0.2X_4 + 0.5X_5 \geqslant 28$$
$$0.2X_1 + X_2 + 1.5X_3 + 0.5X_4 + 2X_5 \geqslant 80$$
$$X_1, X_2, X_5, X_4, X_5 \geqslant 0$$

（2）建立 Excel 工作表规划模型，饲料购买数据表设计如图5-59所示。

（3）在 "数据" 选项卡的 "分析" 组中单击 "规划求解" 按钮，在弹出的 "规划求解参数"对话框中设置参数，如图5-60所示。

图5-59　饲料购买数据表设计

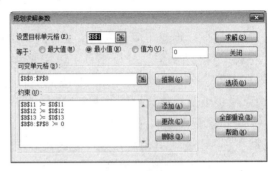

图5-60　"规划求解参数"对话框

（4）进行规划求解，建立规划求解报告，如图5-61所示。规划求解结果如图5-62所示。

图5-61　建立规划求解报告

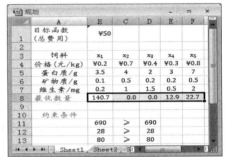

图5-62　饲料购买规划求解结果

5.6　图表

Excel强大的图表功能能够更加直观地将工作表中的数据表现出来，使原本枯燥无味的数据信息变得生动形象起来。有时用许多文字也无法表达的问题，可以用图表轻松地解决，并能够做到层次分明、条理清楚、易于理解。

5.6.1　创建图表

1. 创建迷你图

迷你图主要包括折线图、柱形图、盈亏图三种。通过迷你图可直观地反映数据的变化趋势，这里以折线迷你图为例，介绍创建迷你图的操作步骤。

（1）选择要显示折线迷你图的单元格区域，这里选择B3:F6单元格区域。

（2）在"插入"选项卡的"迷你图"组中单击"折线图"按钮。

（3）在弹出的"创建迷你图"对话框中，对"数据范围"和"位置范围"进行设置，如图5-63所示。

（4）单击"确定"按钮，返回工作表，可以看到在所选单元格区域中显示了根据数据创建的折线迷你图，如图5-64所示。

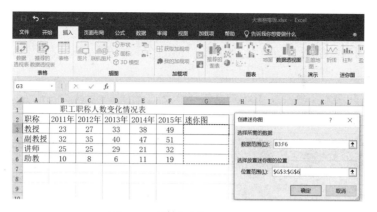

图5-63 "创建迷你图"对话框

图5-64 折线迷你图效果

2. 创建图表

使用"插入"选项卡的"图表"组中的工具，创建图表的具体操作步骤如下。

（1）打开或创建一个需要创建图表的工作表。

（2）在"插入"选项卡的"图表"组中选择所要插入的图表类型，或者单击"图表"组的扩展按钮，弹出"插入图表"对话框，选择图表类型，如图5-65所示。

（3）在工作表中选定要制作图表的数据区域即可生成所需的图表，如图5-66所示。

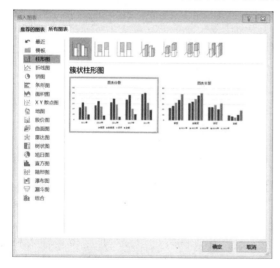

图5-65 选择图表类型

图5-66 生成所需的图表

3. 图表布局编辑

Excel 根据图表种类的不同，提供了多种标准布局模板，在图表构建完成之后，可以通过选择布局模板和图表样式，优化图表的显示效果。

（1）针对不同类型的图表，Excel 提供了大量的样式，选择"图表工具"的"设计"选项卡，在"图表样式"组的图表样式库中选择图表样式，如图 5-67 所示。

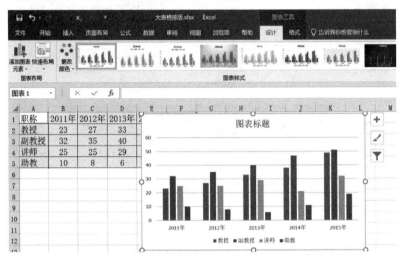

图 5-67 选择图表样式

（2）在已创建的图表中添加图表元素。在"设计"选项卡中单击"添加图表元素"下拉按钮，在弹出的下拉列表中选择"坐标轴""坐标轴标题""图表标题""数据标签"等选项，如图 5-68 所示。

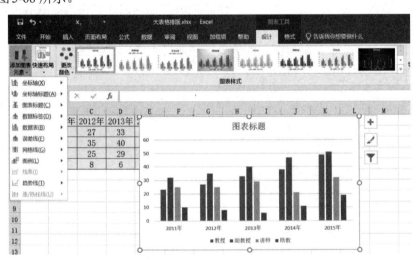

图 5-68 添加图表元素

以编辑图表标题为例，操作步骤为添加图表元素，添加图表标题，在指定位置输入和编辑标题内容，如图 5-69 所示。

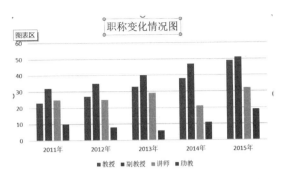

图 5-69　编辑图表标题

5.6.2　图表高级应用

1. 组合图表应用

如图 5-70 所示，若图表中的营业收入和利润都用簇状柱形图表示，则会因为二者的数据相差较大，而不能很好地表现利润的变化情况。

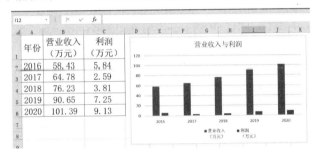

图 5-70　营业收入和利润簇状柱形图

可利用组合图中的拆线图把利润表现出来，步骤如下：选中图中任意利润簇状柱形图并右击，在弹出的快捷菜单中选择"更改系列图表类型"选项，将"利润"的图表类型改为折线图，并将其设置为次坐标即可，如图 5-71 所示。

图 5-71　自定义组合图

2. 复合饼图

假设某商品的销售渠道有专营店、超市、商城批发和网络销售平台。其中，网络销售平台有淘宝、京东、亚马逊和当当网等。若用普通饼图表示，则很难看出网络销售情况，如图5-72所示。

图5-72　普通饼图

可利用复合饼图，把网络销售情况通过子图表现出来，步骤如下。

（1）选中数据区域 A1:B9，单击"插入"选项卡的"图表"组右下角的扩展按钮，弹出"插入图表"对话框，在该对话框中选择"所有图表"选项卡，在左侧的列表中选择"饼图"选项，再单击"复合饼图"按钮，如图5-73所示。

（2）选中复合饼图的子图并右击，在弹出的快捷菜单中选择"设置数据系列格式"选项，"设置数据系列格式"对话框如图5-74所示。

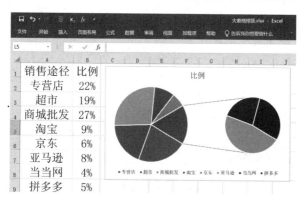

图5-73　复合饼图

图5-74　"设置数据系列格式"对话框

（3）选中复合饼图，设置图表样式为"图表样式11"，把图表中的"其他"改为"网络销售"，删除图表标题，效果如图5-75所示。

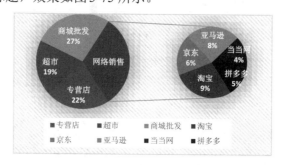

图5-75　销售比例复合饼图效果

5.6.3　数据透视表和数据透视图

数据透视表是 Excel 提供的一种交互式报表，用户可以根据不同的需求进行汇总和分析，并浏览数据，得到想要的分析结果，它是一种动态数据分析工具。在数据透视表中可以交换行和列来查看原数据的各种汇总结果。而数据透视图则是将数据透视表中的数据图形化，便于用户查看、比较、分析数据的模式和趋势。

1. 创建数据透视表

使用数据透视表，可以汇总、分析、浏览工作表或外部数据源中的数据。当需要对一长列数字求和时，数据透视表非常有用，同时配合使用聚合数据或分类汇总有助于从不同的角度查看数据，并且对相似的数据进行比较。

将工作表数据用作数据源，创建数据透视表，操作步骤如下。

（1）单击包含该数据的单元格区域内的一个单元格，在"插入"选项卡中单击"数据透视表"按钮。

（2）在"创建数据透视表"对话框的"表/区域"框中选择单元格区域。

（3）若要将数据透视表放置在新工作表中，则可选中"新工作表"单选钮。若要将数据透视表放在现有工作表中的特定位置，则可选中"现有工作表"单选钮，然后在"位置"框中指定放置数据透视表的单元格区域的第一个单元格，如图5-76 所示。

图5-76　"创建数据透视表"对话框

（4）单击"确定"按钮，Excel 会将空的数据透视表添加至指定位置并显示数据透视表字段列表，以便添加字段、创建布局及自定义数据透视表。

（5）在"数据透视表字段列表"对话框中，将字段放置到不同的区域中，会显示不同的布局透视表，如图5-77 所示。

图 5-77　数据透视表

2. 创建数据透视图

数据透视图的创建方法包括两种：第一种是利用数据透视表创建数据透视图；第二种则是直接利用表格中的数据创建数据透视图。第二种方法的操作步骤与创建透视表的步骤（1）～（4）类似，在"数据透视图字段列表"对话框中，将字段放置到不同的区域中，会显示不同的布局透视图，如图 5-78 所示。

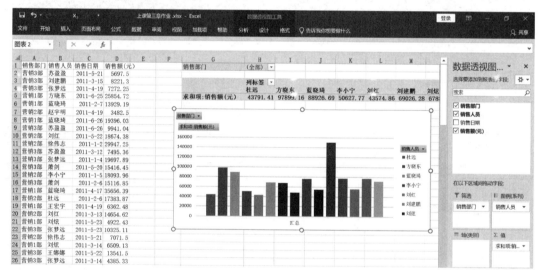

图 5-78　数据透视图

习题 5

（1）新建一个工作簿，名称为"计算机基础与多媒体基础成绩表"，在工作表中创建学生成绩表（见表 5-5）、学院编码对照表和综合成绩评分标准表。

表5-5 学生成绩表

字段名	数据类型	说明
学号	文本（9）	编码规则：4位入学年份 +2位学院+3位学院内编号
姓名	文本（5）	允许重名
性别	文本（1）	取值"男"或"女"
学院	文本（10）	长度与学院编码对照表保持一致
作业成绩	数值	整数，取值范围 50～100，占期末综合成绩 10%
期中成绩	数值	整数，取值范围 0～100，占期末综合成绩 20%
小组成绩	数值	整数，取值范围 0～100，占期末综合成绩 10%
案例分享成绩	数值	整数，取值范围 0～100，占期末综合成绩 10%
期末成绩	数值	整数，取值范围 0～100，占期末综合成绩 60%
综合成绩	数值	小数位数 0 位

请根据以上学生成绩表，完成表格设计，对相关单元格进行数据有效性或单元格格式设置，并录入3个以上学院，每个学院至少5名学生的学号、姓名、性别、作业成绩、期中成绩、小组成绩、案例分享成绩和期末成绩。

①根据学号使用公式和函数计算学生成绩表中每位学生对应的学院，就单个学生而言，根据各成绩在期末综合成绩中的比重计算综合成绩。

②设置编辑区域，可编辑区域为学号、姓名、性别、作业成绩、期中成绩、小组成绩、案例分享成绩和期末成绩。

③在学生期末成绩中，作业成绩、小组成绩和案例分享成绩表示平时的过程性成绩，用复合饼图表示综合成绩的各成绩成分比例，主图为期末成绩、期中成绩、过程性成绩，子图包括作业成绩、小组成绩和案例分享成绩。

④根据学生成绩表生成数据透视表，在新的表格中显示各学院每位学生的学习成绩情况。

⑤筛选出综合成绩不及格的同学，并放在新的表格中，并把表格命名为重修学生名单。

（2）小王大学毕业参加工作后月收入12000元，现需要购置一辆车。购车贷款年限为3年，年利率为6.5%。假定小王与你生活在同一城市，查阅相关网页确定所在城市房租和生活成本，运用模拟分析工具为小王提供三个以上购车贷款方案。

（3）已知运输的产销平衡表如表 5-6 所示，表格中阴影部分表示把产品从产地运往销地的运输量，应如何组织调运才能达到产销平衡并使总费用最少？

表5-6　运输的产销平衡表

产地	销地				产量/万吨
	B1	B2	B3	B4	
A1	3	7	6	4	5
A2	2	4	3	2	4
A3	4	3	8	5	7
销量	4	3	5	4	

第6章 PowerPoint 演示文稿

Microsoft PowerPoint（简称 PowerPoint）是 Microsoft Office 套装办公软件的重要组件之一。PowerPoint 可以直观、生动地将文本、图片、图表、动画、视频、音频等内容展示出来，主要用于工作汇报、企业宣传、产品推介、会议报告、培训计划等领域。使用 PowerPoint 制作的演示文稿，不仅可以在计算机或投影仪上进行演示，也可以被打印出来。PowerPoint 演示文稿文件的扩展名为".pptx"，演示文稿包含若干幻灯片，每张幻灯片可以单独在屏幕上展示。通过本章的学习，可以使读者掌握制作演示文稿的基本操作与各种技巧。

6.1 PowerPoint 快速入门

1. 创建演示文稿

启动 PowerPoint，选择"文件"→"新建"→"空白演示文稿"选项，系统会创建一个空白演示文稿，文件名默认为"演示文稿1.pptx"，PowerPoint 工作界面如图6-1 所示。

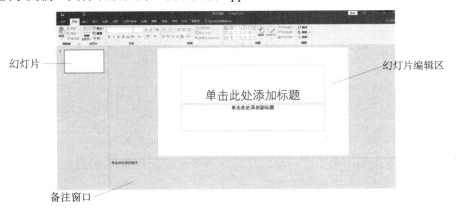

图6-1　PowerPoint 工作界面

2. 保存文件

可将文件保存在 OneDrive 上，也可以将文件保存在计算机中的任何位置，选择"文件"→"另存为"选项进行保存。

3. 设计

PowerPoint 提供了不同的演示文稿主题，选择"设计"→"主题"选项，打开主题库，如图6-2 所示。用户可根据演示文稿的内容选择合适的主题，并选择不同的变体。

图6-2　幻灯片主题库

设置好主题后，就可以进行幻灯片设计了。在 PowerPoint 中，占位符预设了文本的字体、字号、颜色等格式。在幻灯片编辑窗口中，单击占位符就可以添加文字。幻灯片上的占位符如图6-3 所示。

图6-3　幻灯片上的占位符

在"开始"选项卡中单击"新建幻灯片"下拉按钮，在弹出的下拉列表中选择一种版式，添加新的幻灯片后，即可进行编辑。

4. 进行演示

演示文稿完成后，在"幻灯片放映"选项卡中单击"从头开始"按钮，开始放映幻灯片，在当前幻灯片中单击即可切换到下一张幻灯片。

以上就是一个演示文稿的创建及演示过程。PowerPoint 与前两章介绍的软件 Word 和 Excel 在界面风格和基本操作上有很多相似的地方，本章不再赘述，接下来将重点介绍演示文稿的设计方法和技巧。

6.2 合理布局

使用 PowerPoint 制作的演示文稿可以直观、生动地将文本、图片、图表、动画、视频、音频等内容展示出来。通常，一个完整的演示文稿包含封面、内容、致谢等页面。每张幻灯片展示的文字内容不宜过多，要突出重点。幻灯片的布局尤为重要，好的布局可以提升用户体验，使聆听者更容易获取到有用信息。

本节将通过案例介绍幻灯片的页面布局。

【例 6-1】 幻灯片排版。

选用 PowerPoint 内置主题制作幻灯片，使所有幻灯片风格统一，色彩搭配协调。如图 6-4 所示的幻灯片采用的是“带状”主题。添加幻灯片后，选择“标题和内容”版式，在占位符中添加相应文字即可。但这张幻灯片的文字较多，在内容上不够突出重点。

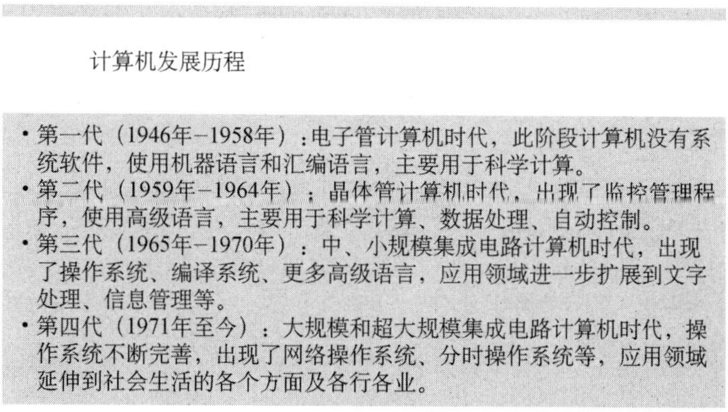

计算机发展历程
• 第一代（1946年–1958年）：电子管计算机时代，此阶段计算机没有系统软件，使用机器语言和汇编语言，主要用于科学计算。
• 第二代（1959年–1964年）：晶体管计算机时代，出现了监控管理程序，使用高级语言，主要用于科学计算、数据处理、自动控制。
• 第三代（1965年–1970年）：中、小规模集成电路计算机时代，出现了操作系统、编译系统、更多高级语言，应用领域进一步扩展到文字处理、信息管理等。
• 第四代（1971年至今）：大规模和超大规模集成电路计算机时代，操作系统不断完善，出现了网络操作系统、分时操作系统等，应用领域延伸到社会生活的各个方面及各行各业。

图 6-4　采用“带状”主题制作幻灯片

如图 6-5 所示，通过文本框对幻灯片内容进行自由排版，并适当修改文字，便能在整体上更能突出文字。下面介绍自由排版的方法。

计算机发展历程
第一代 电子管
• 1964年–1938年
• 没有系统软件
• 主要用于科学计算
第二代 晶体管
• 1959年–1964年
• 监控管理程序、高级语言
• 主要用于科学计算、数据处理、自动控制
第三代 集成电路与大规模集成电路
• 1965年–1970年
• 操作系统、编译系统、更多高级语言
• 进一步扩展到文字处理、信息管理
第四代 大规模和超大规模集成电路
• 1971年至今
• 操作系统不断完善，出现了网络操作系统、分时操作系统
• 应用领域延伸到社会生活的各个方面、各行各业

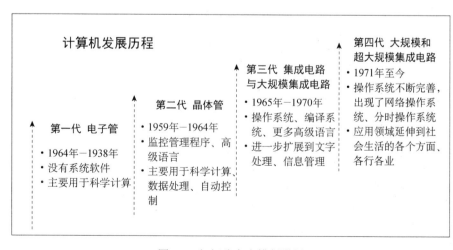

图 6-5　幻灯片自由排版举例

方法步骤：

（1）新建幻灯片。

方法一：在"开始"选项卡中单击"新建幻灯片"按钮，添加新的幻灯片。

方法二：在左侧幻灯片窗口中选中一张幻灯片并右击，在弹出的快捷菜单中选择"新建幻灯片"选项，可以在其后添加一张幻灯片。

方法三：直接在幻灯片窗口中按 Enter 健，添加新的幻灯片。

（2）选择幻灯片版式。选择要编辑的幻灯片并右击，在弹出的快捷菜单中选择"版式"选项，如图6-6所示，选择"空白"版式，如图6-7所示。

（3）在"开始"选项卡的"绘图"组中，单击"文本框"图标，如图6-8所示，在幻灯片的空白处按住左键不放拖动鼠标，绘制一个文本框。在文本框中输入标题文字"计算机发展历程"，调整文字的字体、大小。拖动文本框，将其放置到幻灯片左上角的适当位置。

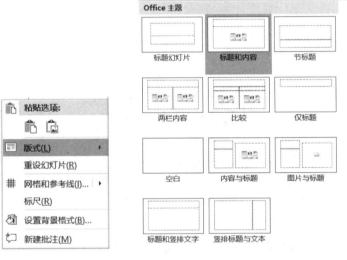

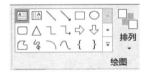

图6-6　幻灯片右键菜单　　　　　图6-7　幻灯片版式　　　　　图6-8　绘图工具

（4）使用同样的方法，单击"绘图"组中的"直线箭头"图标，在幻灯片的空白处绘制一条带箭头的直线，箭头方向向上。选中该直线箭头，选择"绘图"→"形状轮廓"选项，为该直线箭头设置颜色，并选择"虚线"→"短画线"选项，即可完成幻灯片中的第一条虚线样式的分隔线。

（5）选中在第（4）步中绘制的虚线箭头，复制3份。调整最左边及最右边虚线箭头的位置，选中所有虚线箭头，选择"格式"→"对齐"→"横向分布"选项，如图6-9所示。这样，4个虚线箭头就水平均匀分布在幻灯片上，适当调整每个虚线箭头的高度，使它们呈阶梯状。

（6）在分隔线之间插入文字。在每个虚线箭头的右边插入文本框，输入文字内容，调整文字的字体及大小，将各部分的文字标题加粗，这一张幻灯片就做好了。

自定义版式的幻灯片更加灵活，更易于突出内容，但在制作过程中要注意色彩搭配，要保持所有幻灯片风格一致。另外，演示文稿所使用的字体不宜太多，每张幻灯片设置1～2种字体、字号用以区分标题和内容就可以了。

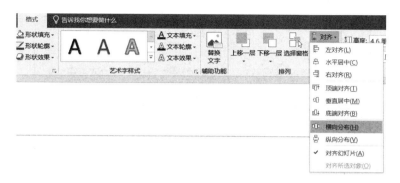

图6-9 选择"横向分布"选项

6.3 数据表示

在演示文稿中，通常会展示数据。在 PowerPoint 中插入表格的方法与在 Word 中插入表格的方法类似。

【例6-2】成绩汇总数据展示。

方法步骤：

（1）新建一个空白幻灯片后，选择"插入"→"表格"选项，插入一个4行4列的表格。

（2）填入数据，在"表格工具"的"设计"选项卡中对表格样式进行设置。

如图6-10所示为完成后的学生成绩表幻灯片，清晰直观地展示了4个同学3门课的成绩。当要突出显示某个数据时，可以使用不同的颜色、字体、大小进行强调。

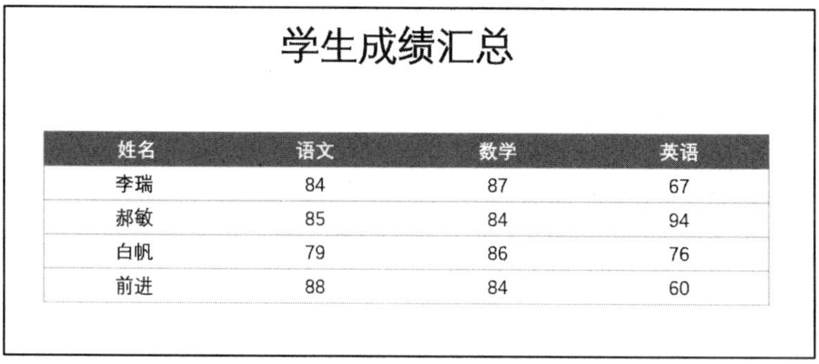

学生成绩汇总

姓名	语文	数学	英语
李瑞	84	87	67
郝敏	85	84	94
白帆	79	86	76
前进	88	84	60

图6-10 学生成绩表幻灯片

【例6-3】用表格突显数据。

方法步骤：

（1）选中图6-10中的第三行数据并复制。

（2）在空白处粘贴第三行数据，并将其放到第3行的位置，调整粘贴单元格的大小、颜色，效果如图6-11所示。

（3）选择"插入"→"形状"选项，选择直角三角形，绘制两个三角形并将其拖动到第三行单元格的下方，选择相对较深的颜色，做成立体效果，最终效果如图6-12所示。

学生成绩汇总

姓名	语文	数学	英语
李瑞	84	87	67
郝敏	85	84	94
白帆	79	86	76
前进	88	84	60

图6-11　复制粘贴第三行数据效果

学生成绩汇总

姓名	语文	数学	英语
李瑞	84	87	67
郝敏	85	84	94
白帆	79	86	76
前进	88	84	60

图6-12　学生成绩表最终效果

6.4　创建图表

在数据信息的展示过程中，图表显得更加直观、生动。使用 PowerPoint 时，用户可以直接插入柱形图、折线图、饼图等形式的图表，并且可以在 PowerPoint 中直接用 Excel 编辑数据。

【例6-4】简单图表的使用。

如图6-13 所示为学生成绩统计图，用户可以在 PowerPoint 中直接生成该统计图。

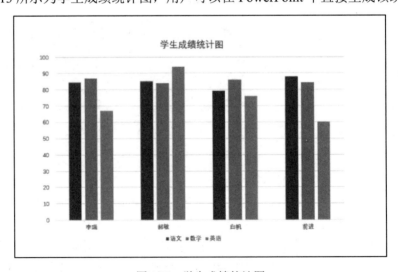

图6-13　学生成绩统计图

方法步骤：

（1）选择"插入"→"插图"→"图表"选项，在弹出的"插入图表"对话框中选择"柱状图"选项，如图 6-14 所示，单击"确定"按钮。

图6-14 "插入图表"对话框

（2）在弹出的 Excel 表格中输入数据，并设置图表标题为"学生成绩统计图"，如图6-15所示。

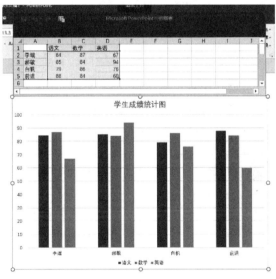

图6-15 输入数据并设置图表标题

这样，简单的柱形图表就做好了。使用同样的方法，可以把 Excel 中的其他类型图表插入 PowerPoint 演示文稿中。

6.5 图片的使用

在演示文稿中，可以加入一些图像、图形，作为演示文稿的背景或插图，辅助展现演示内容。PowerPoint 提供了各种类型的图片素材，包括图片文件、剪贴画、屏幕截图、形状、图标、SmartArt 等。

【例6-5】在演示文稿中插入图片文件。

方法步骤：

（1）在"插入"选项卡中选择"文本框"→"竖排文本框"选项，如图6-16所示。

（2）在文本框中输入文字，并设置字体，如图6-17所示。

（3）选择"插入"→"图像"→"图片"选项，插入所需的图片文件。选中插入的图片，再选择"图片工具"→"格式"→"裁剪"选项，对插入的图片进行适当裁剪，如图6-18所示。

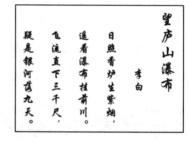

图6-16 选择"竖排文本框"选项　　　图6-17 输入文字并设置字体　　　图6-18 对插入图片进行剪裁

（4）选中图片，选择"图片工具"→"格式"→"图片样式"→"柔化边缘矩形"选项，对图片进行处理，调整图片位置，最终效果如图6-19所示。

图6-19 图文混排最终效果

【**例6-6**】插入背景图片。

在演示文稿中插入图片，将该图片作为背景图片，如图6-20（a）所示。但如果背景图片内的元素太多，反而喧宾夺主，不能突出主题，可以对背景图片进行处理，处理后的效果如图6-20（b）所示。

（a）

（b）

图6-20　插入背景图片

方法步骤：

（1）一般选择清晰度较高的图片作为背景图片，当插入图片的大小不合适时，先调整图片比例，然后再调整大小，保证图片成比例放大。如图6-21所示，选中图片并右击，在弹出的快捷菜单中选择"图片工具"→"格式"→"裁剪"→"纵横比"选项，将比值设置为16∶9（与当前幻灯片长宽比一致）。然后拖动右下角的调整柄，放大图片至整个演示区。

（2）选中图片并右击，在弹出的快捷菜单中选择"图片工具"→"格式"→"艺术效果"→"虚化"选项，使背景图片虚化。

（3）插入文本框，输入标题"欢迎新同学"，选中文字，设置字体为"华康海报体"，字号为"96"，字间距为"加宽"，颜色为"白色"，如图6-22所示。

图6-21　调整图片大小

图6-22　幻灯片标题文字设置

（4）为标题增加特效。选中标题文本框，复制一份。将复制的文本的颜色改为较深的蓝色，右击新标题，在弹出的快捷菜单中选择"置于底层"→"下移一层"选项。调整位置，使用蓝色文字做一个阴影效果，如图6-23所示。幻灯片的最终效果如图6-20（b）所示。

图6-23　幻灯片标题特效

6.6 形状、图标的使用

PowerPoint 提供了插入形状的功能（与 Word 中插入形状的功能类似），使用形状可以绘制流程图或插图，也可以辅助幻灯片排版。

【例6-7】形状、图标使用举例。

幻灯片效果如图 6-24 所示。

图6-24 形状、图标使用举例幻灯片效果

方法步骤：

（1）单击"插入"选项卡，选择"插图"→"形状"→"弧形"选项，按住"Shift"键的同时按住鼠标左键，拖动鼠标，绘制一个弧形，如图 6-25 所示。

（2）单击黄色控制点，调整弧形为一个半圆形，拖动带箭头的旋转控制点，调整方向，并复制 3 份，调整每个半圆形的方向、位置，如图 6-26 所示。

图6-25 绘制弧形　　　　　　　　　　　图6-26 复制并调整半圆形

（3）选中一个半圆形，选择"格式"→"形状填充"→"深蓝"选项。其他三个半圆形选择同一色系较淡颜色即可。

（4）选择"插入"→"图标"选项，打开"插入图标"对话框，在搜索栏中输入关键字"相机"，按"Enter"键，选择"相机"图标，如图6-27 所示。

（5）插入文本框，输入文字"景点""TOP"，将文字分别设置为白色和灰色。使用同样的方法为剩余三个半圆形插入文字和图标。

（6）在每个半圆形中插入文本框，输入相应的文字，如图6-28 所示。

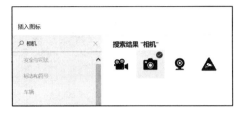

图6-27　搜索"相机"

图6-28　插入形状、图标及文字

（7）在幻灯片上部插入图片，整个幻灯片应该突出下方的内容，所以图片可以做一个遮罩处理。在"插入"选项卡中单击"形状"下拉按钮，插入一个和图片一样大小的矩形。

（8）在插入的矩形上右击，在弹出的快捷菜单中选择"设置形状格式"选项，打开"设置形状格式"对话框。设置纯色填充，设置透明度为40%，如图6-29所示。

（9）最后，在图片上插入文本框，添加文字"丽江"，调整文字的大小、字体。完成效果如图6-24所示。

图6-29　"设置形状格式"对话框

6.7　SmartArt 的使用

插图和图形使信息、数据可视化，但是创建具有设计师水准的插图是不容易的。SmartArt 提供了很多种图形图表快速创建方法，如"流程""层次结构""循环""关系"等，而每种类型又包含不同的布局。在"插入"选项卡的"插图"组中单击"SmartArt"按钮，弹出"选择 SmartArt 图形"对话框，如图6-30所示。

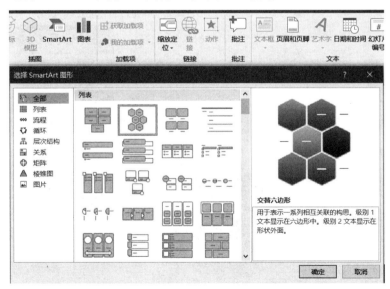

图6-30　"选择 SmartArt 图形"对话框

【例6-8】SmartArt 应用。

如图6-31所示，要创建关于"计算机病毒"的幻灯片，可以使用"交替六边形"的 SmartArt 形状。

图6-31　SmartArt 应用举例

方法步骤：

（1）选择"插入"→"SmartArt"→"交替六边形"选项。

（2）添加文字有两种方法。

第一种方法：单击形状中出现"文本"字样的地方，输入文字，如图6-32所示。

第二种方法：在左边文字栏中输入文字，如图6-33所示。

（3）选择"SmartArt"→"设计"→"更改颜色"→"彩色-个性色"选项，调整形状的颜色，如图6-34所示。

（4）插入文本框，输入其他文字，最终效果如图6-31所示。

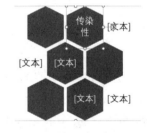

图6-32　在形状中添加文字

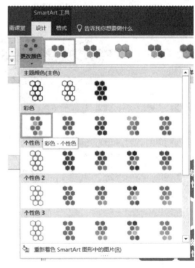

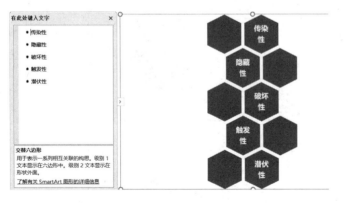

图6-33　在文字栏中输入文字　　　　图6-34　选择"彩色-个性色"选项

6.8　动画、音频和视频

在 PowerPoint 中可以加入音频、视频文件，以及设置动画效果。

【例 6-9】新年倒计时效果。

方法步骤：

（1）插入一个文本框，输入"10"，设置字体为"华康海报体"，字号为"96"。

（2）单击选中"10"文本框，在"动画"选项卡的"动画"组中，打开下拉列表，选择"更多进入效果"选项，打开"更改进入效果"对话框，如图 6-35 所示，选择"缩放"效果。这样，在播放时，数字"10"将以缩放的样式出现在幻灯片上。

（3）单击选中"10"文本框，在"动画"选项卡的"高级动画"组中单击"添加动画"下拉按钮，在弹出的下拉列表中选择"退出"→"消失"选项，如图 6-36 所示。在"动画窗格"对话框中可以看到两个动画效果，如图 6-37 所示。

（4）在"动画窗格"对话框中，选择第一个动画效果，单击右侧下拉按钮，在弹出的下拉列表中选择"效果选项"选项，打开"基本缩放"对话框，如图 6-38 所示。在"计时"选项卡中设置"期间"为"快速（1 秒）"。

（5）在"动画窗格"对话框中，选择第二个动画效果，单击右侧下拉按钮，在弹出的下拉列表中选择"从上一项之后开始"选项，如图 6-39 所示。这样，倒计时数字"10"的动画效果就完成了，数字"10"出现 1 秒后消失。复制数字"10"的文本框，修改文字为"9"，再在"动画窗格"对话框中将文本框 2 的出现方式也设置为"从上一项之后开始"。使用同样的方式完成文字"8""7""6""5"…"1"的设置。

（6）插入文本框，输入最后在屏幕上显示的文字"新年快乐"，调整文字的字体、字号。设置文本框动画效果：选中文本框，在"动画"选项卡中选择"更多进入效果"→"掉落"选项，并在"动画窗格"对话框中设置该文本框的出现方式为"从上一项之后开始"。

（7）选中所有文本框，在"格式"选项卡中选择"排列"→"对齐"→"水平居中"和"垂直居中"选项，如图 6-40 所示。至此，播放幻灯片时可以看到每秒闪现一个数字倒计时，10 秒后出现"新年快乐"四个字。

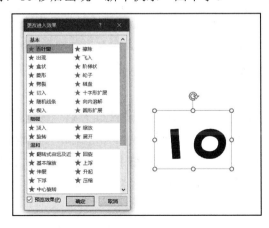

图 6-35　设置进入效果

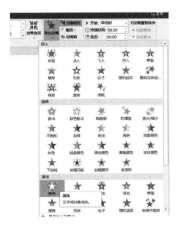

图 6-36　设置退出效果

图6-37 "动画窗格"对话框   图6-38 "基本缩放-计时"对话框

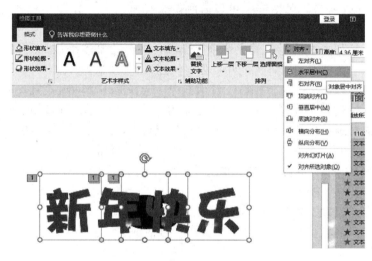

图6-39 设置出现方式   图6-40 多个对象水平居中、垂直居中效果

【例6-10】 插入声音效果。

方法步骤：

（1）准备一个10s的时钟声音效果音频文件。打开【例6-9】的文件，在"插入"选项卡中选择"媒体"→"音频"→"PC上的音频"选项，插入准备好的音频文件。

（2）音频文件插入后，幻灯片上会出现🔊图标，单击🔊图标，选择"音频工具"→"播放"→"放映时隐藏"选项。

（3）打开"动画窗格"对话框，将音频文件的播放顺序设置为第一位，再将数字"10"文本框的进入效果设置为"与上一动画同时"。这样，每个数字的出现时间刚好是1秒，并同步发出一次时钟的声音效果。最后可以加上倒计时结束后出现的字样，比如"新年快乐"，并配上"烟花"的音效。这部分操作请参考【例6-9】和【例6-10】完成。

6.9　演示幻灯片

1. 幻灯片切换

幻灯片切换是在放映幻灯片期间，从一张幻灯片转移至下一张幻灯片时出现的视觉效果，用户可以通过设置控制幻灯片切换的速度、声音和特效。

设置幻灯片切换效果的方法：选中一张或多张幻灯片，在"切换"选项卡的"切换到此幻灯片"选项组中选择需要的切换效果，如"平滑""淡入/淡出""推入"等，如图6-41所示。在效果选项中，可以对选定的切换效果做进一步调整。

图6-41　幻灯片切换效果

在"切换"选项卡的"计时"选项组里，可以设置幻灯片切换的声音、持续时间、换片方式等，如图6-42所示。通过设置幻灯片切换方式，可以让幻灯片之间顺利过渡，使幻灯片在播放时更连贯、顺畅。但是，在使用过程中要掌握一个适度原则，不是所有的幻灯片都需要设置切换效果。

2. 幻灯片放映

（1）开始演示。幻灯片编辑结束之后就可以进行放映了。在"幻灯片放映"选项卡的"开始放映幻灯片"组中，单击"从头开始"按钮，即可放映幻灯片，如图6-43所示。

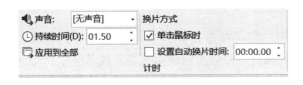

图6-42　"计时"选项组

图6-43　"幻灯片放映"选项卡

（2）演示者视图。当演示文稿投影到大屏幕上时，可以使用演示者视图。这样，可以在一台计算机上查看带演讲者备注的演示文稿，同时，只有幻灯片本身显示在观众可以看到的屏幕上。设置演示者视图的方法如下：放映幻灯片，在"幻灯片放映"视图左下角的控制栏上单击 ⋯ 按钮，然后在弹出的下拉列表中选择"显示演示者视图"选项，如图6-44所示。这样，演讲者看到的演示文稿如图6-45所示，而观众看到的只有幻灯片本身。

图6-44　选择"显示演示者视图"选项

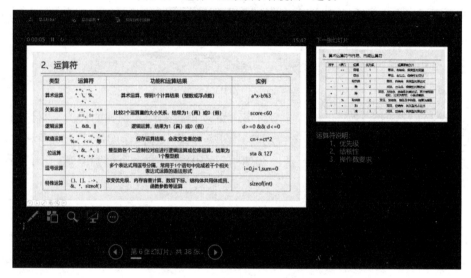

图6-45　演讲者视图

（3）旁白和排练计时。旁白和排练计时功能可以增强基于 Web 或自运行的幻灯片放映效果。通过使用声卡、麦克风和扬声器等设备，可以录制演示文稿并捕获旁白、幻灯片排练时间和墨迹笔势等。录制完成后，可以将演示文稿另存为视频文件，这样就可以在任何地方放映带演讲者演讲效果的幻灯片了。

做好录制前的准备，在"录制"选项卡或"幻灯片放映"选项卡上单击"录制幻灯片演示"下拉按钮，在弹出的下拉列表中选择"从当前幻灯片开始录制"或"从头开始录制"选项。在录制幻灯片的过程中，可以录制音频或视频旁白。此外，还可以使用笔、荧光笔或橡皮擦，PowerPoint 也会记录这些操作以供播放。

图6-46　"录制幻灯片演示"菜单选项

排练计时的功能在于可以记录放映时每张幻灯片所用的时间，一旦计时就绪，就可以使用自动播放功能。

6.10　幻灯片的打印

PowerPoint 提供了演示文稿和讲义的打印功能，用户在打印前可以对打印机、打印范围、打印内容、打印份数等参数选项进行设置，如图6-47 所示。

图6-47　"打印"对话框

6.11　扩展插件

1. Office Mix

Office Mix 是一个内嵌在 PowerPoint 里的教学工具，可以边播放演示文稿边录制视频（录屏）。Office Mix 安装完成后，在 PowerPoint 选项卡中会多出一个"Mix"选项卡，如图6-48 所示。

图6-48　"Mix"选项卡

2. 雨课堂

雨课堂是清华大学和学堂在线共同推出的新型智慧教学解决方案，是教育部在线教育研究中心的研究成果，致力于快捷免费地为所有教学过程提供数据化、智能化的信息支持。雨课堂安装完成后，在 PowerPoint 选项卡中会多出一个"雨课堂"选项卡，如图6-49所示。

图6-49 "雨课堂"选项卡

习题6

（1）制作一个演示文稿，以"我的家乡""自我介绍"或"××产品介绍"为主题，要求：不少于5张幻灯片，有适当的图像、音频或视频，能够充分体现演讲主题，色彩搭配协调，布局合理，并在班上展示自己创作的演示文稿，请同学相互评价。

（2）选取专业课中你感兴趣的内容，用 PowerPoint 做一个教学课件，展示与专业相关的知识，邀请专业课老师给你打分。

（3）对你所在班级的所有同学的上学期期末考试成绩进行分析，用 PowerPoint 做一个成绩分析报告，并在班上分享给其他同学，邀请同学为你打分并做简要评价。

数据处理篇

　　本篇将进入数据分析的一个较高层次——通过编程对数据进行更精细的处理。这一部分包含两章，第 7 章介绍 Python 语言程序设计的基础知识，第 8 章介绍使用 Python 丰富的计算生态完成更自由的数据处理。

　　第 7 章以 Python 编程入门知识为主，从 Python 开发环境的安装讲起，让读者对 Python 的编程方式、数据类型、控制结构、函数的定义与调用、文件的读/写等必备知识有所了解，结合实例逐步领略 Python 的趣味性和易用性。

　　第 8 章介绍更广阔的 Python 生态。主要通过 5 个 Python 第三方库让读者体会数据分析的全过程。内容围绕数据分析流程，涉及 Web 网页数据爬取（Requests 库）、爬取内容的解析与有用信息提取（Beautiful Soup 库）、数据存储和读取、数据预处理、简单数据分析（Pandas 库）和数据可视化（Matplotlib 库和 WordCloud 库），读者也将在不知不觉中编写一个包含 100 多行代码的 Python 程序。

　　本篇是本书的终篇，希望能够抛砖引玉，成为读者学习编程和锻炼计算思维、数据思维的起点。

第 7 章　Python 语言程序设计

7.1　Python 概述

计算机程序也被称为应用程序，是告诉计算机要做什么的指令集。Python 语言是一种用途广泛、具有解释性的、面向对象的高级程序设计语言。与其他高级程序设计语言有所区别，Python 语言有 9 万多个第三方库，构建了计算生态。库是具有相关功能的模块的集合，是可以重用的代码。Python 内置的库被称为标准库，其他库被称为第三方库。在计算生态思想的指导下，编写程序可以像搭积木一样，尽可能利用标准库、第三方库或其他资源进行代码复用。这样对初学编程语言者而言，可以把重心放在探究运用库的系统方法上。

7.1.1　Python 语言开发环境配置

使用计算机语言编写的程序被称为源程序，所有的源程序要转换成目标代码（机器语言）后，计算机才能执行。Python 程序是用 Python 解释器执行的，要在计算机上使用 Python，需要经过 3 个步骤：第一步，下载 Python 解释器，第二步，在计算机上安装 Python，第三步，运行一个简单的程序，测试 Python。

1. 下载 Python 解释器

Python 是免费的，可以从 Python 的官网上下载。

如图 7-1 所示，单击 "Downloads" 按钮进入下载页面，单击 "Download Python 3.9.4" 按钮，在弹出的对话框中单击 "运行" 按钮，直接运行安装程序，如图 7-2 所示。

图 7-1　Python 下载页面

要运行或保存来自 **python.org** 的 **python-3.9.4-amd64.exe** (27.0 MB) 吗？　　运行(R)　保存(S) ▼　取消(C)　×

图 7-2　Python 下载对话框

2. 安装 Python

下载完成后，会启动一个如图 7-3 所示的安装向导对话框。在该对话框中，选中"Add Python 3.9 to PATH"复选框，然后单击"Install Now"按钮，开始安装程序。安装成功后将显示如图 7-4 所示的界面。Python 安装包会在系统中安装一批与 Python 开发和运行相关的程序，包括 Python 命令行和 Python 集成开发环境（Python's Integrated DeveLopment Environment，IDLE）。

图 7-3　安装向导对话框

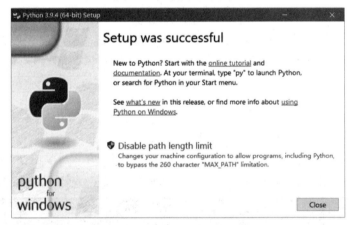

图 7-4　Python 安装成功界面

3. 测试程序

在开始菜单中启动 Python，将会看到一个如图 7-5 所示的命令行窗口。这个命令行窗口叫作 Python Shell。Shell 指窗口或界面，它允许用户输入命令。

">>>"是 Python 语言运行环境的提示符，表示可以在此符号后面输入 Python 代码。例如，可以在提示符后输入如下代码：

```
print("Hello world!")
```

按"Enter"键，将会看到在 Python Shell 中输出了双引号中的文本"Hello world!"。这样第一个程序已经编写完成，说明 Python 解释器也正确安装了。

图 7-5　Python Shell

7.1.2　Python 程序运行

运行 Python 程序有两种方式，一种是在 7.1.1 节中介绍的测试程序的方式，这种方式被称为交互式运行方式。使用交互式运行方式运行 Python 程序时，Python 解释器会及时响应用户输入的每行代码，给出输出结果。使用交互式运行方式适合学习和验证简单的 Python 语法和代码，其缺点是代码无法保存。

另一种方式是文件式运行方式，通过调用安装的 IDEL 启动 Python 运行环境。在开始菜单中搜索 "IDLE" 可以找到 IDLE 的快捷方式，如图 7-6 所示。打开 IDLE，在如图 7-7 所示的窗口中，选择 "File" → "New File" 选项，或者按 "Ctrl+N" 组合键可以新建一个 Python 空白文件。编辑程序后，选择 "File" → "Save" 选项，保存文件，文件类型为 "Python Files"。这样得到一个扩展名为 ".py" 的 Python 源程序文件。在菜单中选择 "Run" → "Run Module" 选项，或者按 "F5" 键，即可运行该文件。

图 7-6　在开始菜单中搜索 "IDLE"

图 7-7　IDLE 窗口

【例7-1】简单交互程序。

程序源代码如下：

```
# Your Name.py
name=input("请输入姓名：")
print("你好，",name)
```

在这个例子中，第1行代码叫作注释。注释用于对程序进行解释和说明，目的是提高代码的可读性。注释会被编译器或解释器忽略，不会被计算机执行。在 Python 中，注释有两种方法：单行注释以"#"开头，多行注释以'''（3个单引号）开头和结尾。

第2行代码用于提示用户输入自己的姓名，系统会从控制台获取用户输入的信息，保存在name中。

第3行代码用于输出"你好，"，后面紧跟name中保存的内容。

在 IDLE 窗口中选择"File"→"New File"选项，输入以上3行代码。将文件保存为 Your Name.py，按"F5"键运行该文件。此时会启动 Python Shell 窗口，并显示"请输入姓名："。在光标闪烁的地方输入姓名，如"李焕英"，按"Enter"键，下一行将显示程序运行的结果："你好，李焕英"。执行结果如图7-8所示。

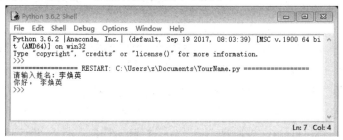

图7-8　Your Name.py 运行结果

7.2　用 Python 绘图

7.2.1　用海龟绘制图形

在 Python 中绘制图形有很多种方法，其中使用 Turtle（海龟）库进行绘图易于学习并且操作简单。使用海龟绘图最初起源于20世纪60年代的 Logo 编程语言。Turtle 是 Python 的标准库之一，是绘图功能相关的代码的集合。Python 将绘图功能的各模块进行集成，形成了 Turtle 库。这样，用户绘图就只须调用 Turtle 库中的各模块而无须从底层代码开始编写，从而使得绘图操作变得简单。

【例7-2】用海龟绘制几何图形。

程序源代码如下：

```
#Draw Square.py
import turtle
turtle.setup(600,400)
```

```
turtle.fd(100)
turtle.left(90)
turtle.fd(100)
turtle.left(90)
turtle.fd(100)
turtle.left(90)
turtle.fd(100)
turtle.left(90)
```

运行这段代码后，会得到如图7-9 所示的一个正方形。

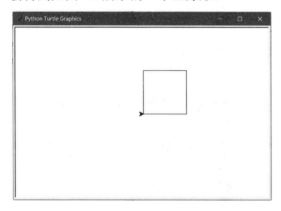

图7-9　Draw Square.py 运行结果

7.2.2　Turtle 库的使用

Turtle 库是Python 的基础绘图库。Turtle 的含义是"海龟"，Turtle 绘图的原理如下：小海龟在一个横轴为x、纵轴为y 的坐标系原点（窗体的中心），根据一组函数指令的控制，在这个平面坐标系中移动，从而在它爬行的路径上绘制图形。海龟的移动是由程序控制的，它可以变换颜色、改变大小等。图7-9 中的黑色小箭头就表示海龟。本节通过解析【例7-2】的执行过程，介绍有关Turtle 库的使用方法。

1. 引用 Turtle 库

Turtle 库是 Python 的标准库，在使用时要先引用。引用库的方式为"import <库名>"。

例如，【例7-2】中的第2 行代码"import turtle"，表示引用Turtle 库，之后的第3 行到第 11 行代码调用了 Turtle 库中的函数来绘制正方形。调用函数的方法是"<库名>.<函数>()"，如"turtle.fd(100)"。如果不进行引用，后面的代码就不能调用这些函数了。

2. 设置窗体大小

【例7-2】中的第3 行代码的作用是设置窗口的大小。窗口是一个活动的 Windows 窗口，运行程序"Draw Square.py"后，屏幕上出现的窗口就是Python 绘图的窗口。用setup函数可以对窗口进行定义，方法如下：

```
turtle.setup(width, height, startx, starty)
```

setup 函数的参数如表 7-1 所示。

表 7-1　setup 函数的参数

参数	值	含义
width	整数（像素值）或小数（比例）	窗口宽度或窗口宽度与屏幕的比例
height	整数（像素值）或小数（比例）	窗口高度或窗口高度与屏幕的比例
startx	像素值或 None（空）	窗口左侧与屏幕左侧的像素距离，如果值是 None，则窗口位于屏幕水平中央
starty	像素值或 None（空）	窗口左侧与屏幕左侧的像素距离，如果值是 None，则窗口位于屏幕垂直中央

各参数关系如图 7-10 所示。

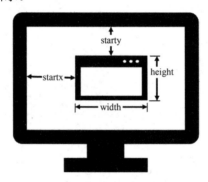

图 7-10　setup 函数各参数关系

【例 7-2】中的 "turtle.setup(600,400)" 表示设置窗口的宽度为 600 像素，高度为 400 像素，窗口位于屏幕中央。

3. 控制海龟运动

在 Turtle 库中，通过一组函数控制画笔进行绘图，常用函数如表 7-2 所示。

表 7-2　Turtle 库的常用函数

函数	参数	作用
forward(distance)	行进距离的像素值	向当前方向移动 distance 像素长度
backward(distance)	行进距离的像素值	向当前画笔相反方向移动 distance 像素长度
set(angle)	方向的角度	设置行进方向的角度（绝对方向）
circle(radius, extent)	radius 表示弧形半径 extent 表示弧形角度	根据半径 radius 绘制 extent 角度的弧形
left(degree)	画笔转向的度数	当前向左转 degree 度，只转向不移动
right(degree)	画笔转向的度数	当前向右转 degree 度，只转向不移动

【例7-2】中的第4行代码调用了Turtle库的forward()函数，fd是forward()函数的简写形式，100指海龟前进100像素。第5行代码调用了Turtle库的left()函数，海龟在当前方向左转90度。第6、7、8、9、10、11行代码重复上面的两个动作，前进100像素，然后左转90度，这样海龟刚好回到起点，就绘制出了一个边长为100像素的正方形，如图7-9所示。

4. 添加颜色

在Turtle库中，画笔也就是小海龟，可以通过一组函数来控制，可以设置画笔的尺寸、颜色、大小等。画笔控制常用函数如表7-3所示。

表7-3　画笔控制常用函数

函数	参数	作用
penup( )	无	抬起画笔，之后画笔移动不绘制形状
pendow( )	无	落下画笔，之后画笔移动绘制形状
pensize(width)	width 表示画笔宽度值	设置画笔宽度，当无参数时返回当前画笔的宽度
pencolor(colorstring/(r,g,b))	colorstring 表示颜色的字符串 (r,g,b)表示颜色对应的 RGB 数值	设置画笔颜色
begin_fill( )	无	填充开始
end_fill( )	无	填充结束
color(colorsting/(r,g,b)	colorstring 表示颜色的字符串 (r,g,b)表示颜色对应的 RGB 数值	设置填充颜色

【例7-3】给图形添加颜色。

程序源代码如下：

```
#Draw Circle.py
import turtle
turtle.setup(600,400)
turtle.penup()
turtle.seth(-90)
turtle.fd(50)
turtle.seth(0)
turtle.pendown()
turtle.begin_fill()
turtle.color("yellow")
turtle.pencolor("red")
turtle.circle(100)
turtle.end_fill()
```

在这个例子中，第4行代码表示抬起画笔。第5行代码表示设置海龟方向是-90度（海龟绘图坐标体系见图7-11）。第6行代码表示设置海龟前进50像素（即海龟向下移动50像素，且不绘制形状）。第7行代码表示调整海龟方向为0度，即向右。第4行至第7行代码表示调整海龟起笔的位置，默认情况下，海龟起笔坐标是（0，0），即画布的中心。第8行代码表示落下画笔，之后海龟移动的轨迹将绘制在画布上。第9行代码表示设置海龟填充开始，之后的形状将会被填充颜色，直到第13行代码填充结束。第10行代码表示设置填充颜色为"yellow"，第11行代码表示设置画笔颜色为"red"，这样绘制的形状边框是红色，填充是黄色。第12行代码表示设置以100像素为半径绘制一个圆形，在circle()函数中省略第2个参数，表示绘制圆形。运行Draw Circle.py，得到如图7-12所示的形状。

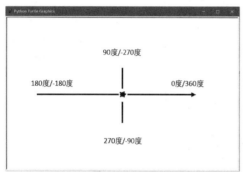 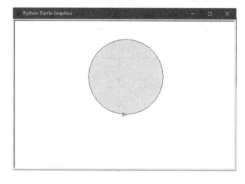

图7-11　海龟绘图坐标体系　　　　　　图7-12　Draw Circle.py运行结果

7.3　变量和数据类型

7.3.1　变量

在Python中，使用变量保存和表示具体的值。例如，在【例7-1】中，用户在控制台中输入的姓名"李焕英"被保存在"name"中，程序运行的结果是将"name"中存放的"李焕英"输出到屏幕上。这个例子中的"name"就是变量，而存在"name"中的"李焕英"是变量的值。

Python语言用等号"="给变量赋值。例如：

```
>>>x=7
>>>x
7
```

第1行代码表示x是一个变量[①]，x保存的值是7。在交互式运行方式中，输入变量后按"Enter"键，将得到变量的值，如在第2行中输入代码x，第3行则显示x的值。

为Python的变量命名时要遵守一定的规则：

（1）可以由字母（A～Z和a～z）、下画线、数字和汉字字符组成，但第一个字符不能

---

① 为了确保正文中的变量名称与代码中的变量名称一致，类似的变量名称均用正体。

是数字。

（2）不能包含空格、@、%及$等特殊字符。

（3）字母是严格区分大小写的，也就是说，两个同样的单词，如果大小写格式不一样，则代表的意义也是完全不同的。例如，下面这 3 个变量，就是完全独立、毫无关系的，它们分别是相互独立的个体。

```
name="李雷"
Name="李磊"
NAME="李蕾"
```

（4）标识符不能和 Python 中的保留字相同。保留字是 Python 语言中一些已经被赋予特定意义的字符串。可以用如下代码查看 Python 的保留字，执行keyword.kwlist 后，中括号里显示的字符串就是 Python 中的保留字。

```
>>> import keyword
>>> keyword.kwlist
['False', 'None', 'True', '__peg_parser__', 'and', 'as', 'assert',
'async', 'await', 'break', 'class', 'continue', 'def', 'del', 'elif', 'else',
'except', 'finally', 'for', 'from', 'global', 'if', 'import', 'in', 'is',
'lambda', 'nonlocal', 'not', 'or', 'pass', 'raise', 'return', 'try', 'while',
'with', 'yield']
```

7.3.2　数字和运算符

Python 提供了三种数字类型：整数、浮点数和复数。分别对应数学中的整数、实数和复数。

1. 整数

整数就是没有小数部分的数字，Python 中的整数包括正整数、0 和负整数。在 Python 中，可以使用多种进制来表示整数。

十进制数：如0，1，-2 等。

二进制数：以0b 开头，如0b001、0b101 等。

八进制数：以00 开头，如0035、0011 等。

十六进制数：以0x 开头，如0xff、0x10 等。

2. 浮点数

浮点数也就是小数，有两种书写形式。

十进制形式：如34.6、346.0、0.346。书写小数时必须包含一个小数点，否则会被 Python 当作整数处理。

指数形式：aEn 或 aen。a 为尾数部分，是一个十进制数；n 为指数部分，是一个十进制整数；E 或 e 是固定的字符，用于分割尾数部分和指数部分。整个表达式等价于$a×10^n$。如$2.1E5=2.1×10^5$，其中 2.1 是尾数，5 是指数。

3. 复数

复数由实部（real）和虚部（imag）构成，在 Python 中，复数的虚部以 j 或 J 作为后缀，具体格式为 $a+bj$。a 表示实部，b 表示虚部。

Python 提供了 9 个基本算术运算符，如表 7-4 所示。

表 7-4　Python 基本算术运算符

运算符	说明	实例	结果
+	加	12.45 + 15	27.45
-	减	4.56 - 0.26	4.3
*	乘	5 * 3.6	18.0
/	除法（和数学中的规则一样）	7 / 2	3.5
//	整除（只保留商的整数部分）	7 // 2	3
%	取余，即返回除法的余数	7 % 2	1
**	幂运算/次方运算	2 ** 4	16，即 2^4

【例7-4】Python 算术运算举例。

程序源代码如下：

```
>>> 7+3
10
>>> 7-3
4
>>> 7*3
21
>>> 7/3
2.3333333333333335
>>> 7//3
2
>>> 7%3
1
>>> 7**3
343
>>>
```

7.3.3　字符串

字符串是 Python 中用单引号或双引号引起来的若干字符的集合。如【例7-1】中的 name 获得用户在控制台中输入的字符串，name 是一个字符串类型的变量。

在【例7-3】中，"yellow""red"是表示颜色的字符串。

```
turtle.color("yellow")
turtle.pencolor("red")
```

1．字符串合并

字符串合并的运算符是"+"，表示将两个字符串合并为一个字符串。例如：

```
>>> 'aa'+"AA"
'aaAA'
```

2．转义字符

当字符串中出现引号时，Python 会解析出错，例如：

```
>>>'I'm a student'
Syntax Error: invalid syntax
```

由于上面字符串中包含了单引号，此时 Python 会将字符串中的单引号与第一个单引号配对，这样就会把'I'当成字符串，而后面的m a student!'就变成了多余的内容，从而导致解析错误。这种情况下，在引号前面添加反斜线\就可以对引号进行转义，方法如下：

```
>>> 'I\'m a student'
"I'm a student"
```

在字符前面添加反斜线\，对该字符进行转义，让 Python 把它作为普通文本对待，这类字符被称为转义字符。如表7-5所示为 Python 的转义字符及其含义。

表7-5　转义字符

转义字符	含义
\'	单引号
\"	双引号
\\	表示\
\a	发出系统铃声
\n	换行符
\t	纵向制表符
\v	横向制表符
\r	回车符
\f	换页符
\y	八进制数 y 代表的字符
\xy	十六进制数 xy 代表的字符

3. 三引号的用法

三引号用来表示超长字符串，这样的字符串可以换行。例如：

```
>>> s='''Life's battles don't always go to the stronger or faster man,
But sooner or later the man who wins,
Is the one who thinks he can!'''
>>> print(s)
Life's battles don't always go to the stronger or faster man,
But sooner or later the man who wins,
Is the one who thinks he can!
```

7.3.4 序列

在 Python 中，序列（Sequence）是指按特定顺序依次排列的一组数据，它们可以占用一块连续的内存，也可以分散到多块内存中。Python 中的序列类型包括列表（list）、元组（tuple）、字典（dict）和集合（set）。

1. 列表

在程序设计过程中，有时要将一组数据存储起来，这时就会用到列表。列表是一个元素的有序集合，一个列表中的数据类型可以各不相同。从形式上看，列表将所有元素放在一对中括号"[ ]"里，各元素之间用逗号"，"分隔。例如：

```
["red","yellow","blue"]
[10,3,2,50]
[1, "Lily",80]
```

（1）创建列表。使用"="将一个列表赋值给一个变量就可以了。例如：

```
Color_list=["red","yellow","blue"]
```

（2）读取元素。使用变量名加元素序号即可访问列表中的某个元素。列表中第一个元素的序号为0。例如：

```
>>> prin t(Color_list[0])
red
```

（3）列表切片。还可以使用"列表序号对"（如[m:n]）来截取列表中的任何部分，此时将得到一个新的列表。其中 m 表示切片开始的位置，n 表示切片截止（不包含）的位置。例如：

```
>>> prin t(Color_list[0:1])
['red']
```

以上代码得到 Color_list 列表中序号为 0 的元素，与 Color_list[0]不同，此时得到的['red']是一个列表。

（4）增加元素。可以用"+"号将一个新列表附加在原列表的尾部。例如：

```
>>> list_1=[1]
>>> list_2=[2,'a']
>>> list_1+list_2
[1, 2, 'a']
```

除此之外，还可以用如表7-6所示的方法增加元素。

表7-6　列表增加元素常用函数

方法	说明
Append(x)	向列表尾部添加一个元素 x
Extend(lt)	将列表 lt 添加在原列表之后
Insert(n, x)	将元素 x 插入列表中序号为 n 的位置

（5）检索元素。检索元素就是查看某个元素是否在该列表中。可以用 in 运算符进行检查，如果在列表中则返回"True"，否则返回"False"。例如：

```
>>> "red" in Color_list
True
>>> "black" in Color_list
False
```

（6）删除元素。删除元素时，可以用" del lt[n]"删除 lt 列表中序号为 n 的元素，也可用"remove(x)"删除值为 x 的元素。例如：

```
>>> Color_list=["red","yellow","blue","black","white"]
>>> Color_list
['red', 'yellow', 'blue', 'black', 'white']
>>> del Color_list[2]
>>> Color_list
['red', 'yellow', 'black', 'white']
>>> Color_list.remove("black")
>>> Color_list
['red', 'yellow', 'white']
```

2. 元组

元组和列表类似，元组也是由一系列按特定顺序排序的元素组成的。元组和列表的不同之处在于：列表的元素是可以更改的，包括修改、删除和插入元素，所以列表是可变序列；而元组一旦被创建，它的元素就不能更改了，所以元组是不可变序列。从形式上看，元组将所有元素放在一对圆括号()里，元素之间用逗号隔开。例如：

```
>>> tuple_animal=("dong","cat","tiger","lion")
>>> tuple_animal
('dong', 'cat', 'tiger', 'lion')
```

与列表一样，使用变量名加元素序号即可访问元组中的某个元素，元组也可以进行切片、检索元素等操作。但元组的值不能改变，不能增加新的元素。

3. 字典

在程序设计中，通常需要一些灵活的信息查找方式。例如，在检索学生信息的时候，要基于学号进行查找。这样根据一个信息查找另一个信息的方式就构成了"键值对"，即通过一个特定的键（学号）来访问值（学生的信息）。字典是键值对的无序集合，即字典中的元素都包含两部分：键和值。键和值用冒号分隔。字典中的所有元素放在一对大括号"{}"里，元素之间用逗号隔开。例如：

```
>>>dict_1={"苹果":"红色","香蕉":"黄色","梨":"绿色"}
>>> dict_1
{'苹果': '红色', '香蕉': '黄色', '梨': '绿色'}
```

字典定义好后，可以通过"变量名[键]"来查找值，例如：

```
>>> dict_1["苹果"]
'红色'
```

表示"苹果"这个键对应的值是"红色"。

4. 集合

集合类型与数学中集合的概念一致，即包含0个或多个数据项的无序组合。集合中的元素类型只能是固定数据类型，并且集合中的元素不可重复。集合中的所有元素放在一对大括号"{}"中，元素之间用逗号隔开。例如：

```
>>> set_1={1,2,'a',3}
>>> set_1
{'a', 1, 2, 3}
```

由于 Python 中的 set 集合是无序的，所以每次输出时元素的排列顺序可能有所不同。

7.3.5　程序举例

【例7-5】列表应用举例。
程序源代码如下：

```
#Color Square.py
import turtle
turtle.setup(400,300)
```

```
colors=["red","yellow","blue","green"]
for x in range(4):
    turtle.pencolor(colors[x])
    turtle.fd(100)
    turtle.left(90)
```

在这个例子中，第 4 行代码表示将一个颜色字符串的列表["red","yellow","blue","green"]存储到 colors 变量中。然后当海龟需要一种颜色时，就调用 pencolor()函数，并且用 colors 列表中的一个元素 colors[x]作为参数，取出不同的颜色字符串。程序中的第 5 行至第 8 行代码是一个循环结构，将在 7.4.2 节中详细介绍。在这个循环结构中，x 从 0～3 中逐一取整数值，对于 x 取的每个值，执行一遍第 6 行至第 8 行代码（这部分代码被称为一个代码块）。这样，总共执行 4 次这个代码块，每次执行时，画笔的

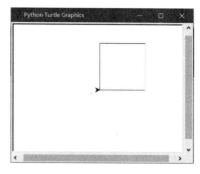

图 7-13　ColorSquare.py 运行结果

颜色从 colors 列表中依次取一个颜色字符串，然后绘制 100 像素的直线，再以当前方向为基础向左转 90 度，4 次之后得到如图 7-13 所示的正方形，且每条边的颜色各不相同。

7.4　程序控制结构

在程序执行过程中，各语句按顺序逐条执行，这样的结构被称为顺序结构。实际上，很多情况下，要根据某个条件是否成立来选择接下来的操作，这样的结构被称为选择结构。有的时候，遇到要重复处理的问题，则应选择循环结构。本节将重点介绍程序的两种控制结构：选择结构和循环结构。

7.4.1　选择结构程序设计

1. if 语句

【例 7-6】猜数字游戏。

程序源代码如下：

```
#Guess Num_a.py
N=10
n=eval(input("请输入一个数："))
if N==n:
    print("你猜对了！")
```

猜数字游戏程序设计的思路：给定一个值（N），提示用户输入一个数（n），当用户

输入的数（n）和给定的值（N）相等时，输出"你猜对了！"。

在【例7-6】的第2行代码中，程序设定一个值（N=10）。第3行代码的功能是从控制台输入一个数。与【例7-1】不同，本例多了一个eval()函数，eval()函数的作用是将input()函数返回的字符串转换成数字。这样，N 和n才能比较大小。第4行、第5行是if语句。Python中的if语句的一般格式如下：

```
if 条件表达式:
        语句块
```

当if后面的条件表达式成立时，就执行后面的语句块，不成立则什么也不做。语句块是一个或多个语句序列。在 Python 中，语句之间的逻辑关系用缩进来表达。在这个例子中，当 N 和n相等时，就执行"print("你猜对了！")"。"print("你猜对了！")"相对于" if N==n "有缩进，是该if语句的语句块。

2. 表示条件

选择结构的条件表达式通过关系运算符和逻辑运算符进行表达。Python 的关系运算符有6个，如表7-7所示。

表7-7　关系运算符

运算符	运算符含义
<	小于
<=	小于等于
==	等于（不是赋值，表示相等关系）
>	大于
>=	大于等于
!=	不等于

关系运算的结果是一个布尔值，也就是结果为 True 或 False。例如：

```
>>> 1<2
True
>>> 1<=2
True
>>> 1==2
False
>>> 1>2
False
>>> 1>=2
False
>>> 1!=2
```

```
True
```

当表达复杂条件的时候，还会用到逻辑运算符。Python 的逻辑运算符有 3 个：and（与）、or（或）和 not（非），如表 7-8 所示。

表 7-8　逻辑运算符

运算符	用法	结果
and	a and b	当 a 和 b 都为 true 时，结果为 true
or	a or b	a、b 中只要有一个为 true 时，结果为 true
not	not a	a 为 true 时，结果为 false；否则为 true

例如，表示 x 是一个大写字母的条件可以写成：

```
x >='A' and x<='Z'
```

3. if-else 语句

【例 7-7】猜数字游戏。如果猜错，提示"你猜错了！"。

程序源代码如下：

```
#Guess Num_b.py
N=10
n=eval(input("请输入一个数："))
if N==n:
    print("你猜对了！")
else:
print("你猜错了！")
```

在本例中，用到了 if-else 语句。Python 中的 if-else 语句的一般格式如下：

```
if 条件表达式：
        语句块1
else：
        语句块2
```

当 if 条件为真时执行语句块 1，当 if 条件为假时执行语句块 2。语句块 1 和语句块 2 两者只能执行其一，这种结构被称为二分支选择结构。

在【例 7-7】中，当 N 和 n 相等（N==n 为 true）时，输出"你猜对了！"，当 N 和 n 不相等（N==n 为 false）时，输出"你猜错了！"。

4. if-elif-else 语句

【例 7-8】猜数字游戏。提示所猜数字大了或小了。

程序源代码如下：

```
#Guess Num_c.py
```

```
N=10
n=eval(input("请输入一个数："))
if n<N:
    print("小了")
elif n>N:
    print("大了")
else:
    print("猜对了")
```

在本例中，用到了 if-elif-else 语句。Python 中的 if-elif-else 语句的一般格式如下：

```
if 条件表达式1:
        语句块1
elif 条件表达式2:
        语句块2
...
else
        语句块N
```

这是一个多分支结构。在这种结构中，Python 依次判断条件表达式1、条件表达式2……当第一个条件表达式的结果为 true 时，就执行其后面的语句块，并跳过后面其他的条件判断语句。如果所有条件经过判断后，没有结果为 true 的条件表达式，则执行 else 后面的语句块。else 子句是可选的，也可以没有。

5. 代码块的缩进

【例7-9】猜数字游戏，提示更多信息。

程序源代码如下：

```
#Guess Num_d.py
N=10
n=eval(input("请输入一个数："))
if n<N:
    print("你猜错了！")
    print("小了")
elif n>N:
    print("你猜错了！")
    print("大了")
else:
    print("猜对了")
print("Game Over")
```

Python 程序用缩进来体现代码之间的逻辑关系。代码块要缩进，同一个代码块缩进量要相同。在【例7-9】中，第5、6行代码属于一个代码块，是当条件n<N 为true 时执行的代码。这两行代码具有相同的缩进量。同样，第8、9行代码也属于一个代码块。第11、12行代码不属于一个代码块，第11行代码有缩进，第12行代码没有缩进。第12行代码是整个if-elif-else 结构执行结束后要执行的代码。执行结果如下：

运行结果一：

```
请输入一个数:5
你猜错了!
小了
Game Over
```

运行结果二：

```
请输入一个数:10
猜对了!
Game Over
```

运行结果三：

```
请输入一个数:15
你猜错了!
大了
Game Over
```

7.4.2　循环结构程序设计

在【例7-5】中，"绘制长100像素的直线并左转90度"反复执行了4次，就可以绘制一个正方形。像这样反复执行的语句可以用循环结构来实现。在 Python 中，循环结构可以用while 语句或for 语句实现。

1. while 语句

Python 中的while 语句的一般格式如下：

```
while <条件表达式>
        <语句块>
```

while 循环语句和if 条件分支语句类似，即在条件（表达式）为真的情况下，会执行相应的语句块。只要条件为真，while 就会一直重复执行那段语句块。在循环结构中，被反复执行的语句块又被称为循环体。

【例7-10】使用 while 语句实现螺旋的正方形。

程序源代码如下：

```
#Spiral Square_a.py
import turtle
turtle.setup(400,300)
```

```
colors=["red","yellow","blue","green"]
x=0
while x<100:
    turtle.pencolor(colors[x%4])
    turtle.fd(x)
    turtle.left(91)
    x=x+1
```

Spiral Square_a.py 运行结果如图7-14所示。

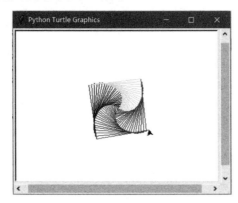

图7-14　Spiral Square_a.py 运行结果

在本例中，循环体（语句块）反复执行了100次。第5行代码定义了变量x，并赋值为0。x在循环执行的过程中，每循环一次，值加1（第10行代码），使得变量x不断趋于100，最终使循环趋于结束。把x这样的变量叫作循环变量。第6行中的"x<100"是循环条件表达式，其值为true或false。当条件表达式值为true时就执行循环体语句（第7行至第10行代码），否则，循环结束。在循环体语句中，第7行代码表示设置画笔颜色。"colors[x%4]"中的x就是循环变量x，其取值范围是0～99，且不断递增。"x%4"得到4个值：0、1、2、3。因此，画笔的颜色依次取colors列表中的四个元素。

```
colors=[ "red " , " yellow " , " blue " , " green "]
         0          1           2          3
```

程序第8行代码也被反复执行了100次，每一次海龟前进的距离为x。也就是说，第一次循环，海龟前进的距离为0像素；第二次，前进的距离为1像素；第三次，前进的距离为2像素……直到第100次，海龟前进的距离为99像素。第9行代码表示海龟左转的方向。如果海龟每次左转90度，将会得到一个完美的正方形，在程序中，海龟每次左转91度，这样每次左转偏移一点点，100次之后就会得到一个螺旋的正方形。

循环结构的四要素：第一，循环变量初始化；第二，循环条件表达式；第三，循环变量递增（递减）；第四，循环体语句（语句块）。

2. for 语句

【例7-11】使用 for 语句实现螺旋的正方形。

程序源代码如下：

```
#Spiral Square_b.py
import turtle
turtle.setup(400,300)
colors=["red","yellow","blue","green"]
for x in range(100):
    turtle.pencolor(colors[x%4])
    turtle.fd(x)
    turtle.left(91)
```

该程序的运行结果与图 7-14 一样。在本例中，用 for 语句实现循环。Python 中的 for 语句的一般格式如下：

```
for 循环变量 in 循环遍历序列：
    语句块
```

for 语句的循环次数由 in 后面的循环遍历序列元素的个数决定。for 语句从循环遍历序列中逐一提取元素，放在循环变量中，对所提取的每个元素执行一次循环体语句。

【例 7-12】循环变量是 x，range() 函数在给定范围内生成一系列数字（0 ~ 99），x 的取值依次为 0，1，…，99，循环执行 100 次。循环体语句与【例 7-10】相同，两个程序的运行结果一样。

range() 函数的用法：

```
range(stop)
range(start, stop[, step])
```

如果只有一个参数，则表示计数到 stop 结束，但不包括 stop。例如，range(0,5) 表示 [0,1, 2, 3, 4]，其中并没有 5。start 表示计数从 start 开始，默认从 0 开始。例如，range(5) 等价于 range(0,5)。step 表示步长，默认为 1。例如，range(0,5) 等价于 range(0, 5, 1)。step 可以省略。

循环遍历序列可以是字符串、列表、元组、字典或集合。例如，下面的程序使用 for 循环对字符串进行遍历：

```
>>> for c in "hello":
        print("c=",c)


c= h
c= e
c= l
c= l
c= o
```

3. break 语句和continue 语句

Python 提供了 break 语句 和continue 语句来辅助循环控制。

（1）break 语句。有的时候，循环可能会非正常结束。例如，在猜数字游戏中，可以设定用户最多能猜三次，这样，猜数字并且与给定数字进行比较的操作最多被反复执行三次。当用户不到三次就猜对时，循环会提前结束，这就要用到break 语句。break 语句用在while 和for 循环中，可以立即终止并跳出当前循环。

【例7-13】猜数字游戏，最多可以猜三次。

程序源代码如下：

```
#Guess Num_e.py
N=10
for i in range(3):
    n=eval(input("请输入一个数："))
    if n<N:
        print("小了")
    elif n>N:
        print("大了")
    else:
        print("猜对了")
        break;
```

在这个程序中，for 循环使用range()函数生成数字序列（0，1，2），每次从中取一个元素赋值给i，共执行 3 次。在循环体中，首先提示用户输入一个数，然后从控制台读取用户输入的值，并将值赋给n。通过比较 N（程序给定的一个值）和n 的大小，判断用户是否猜对。正常情况下，用户输入的操作及 N 和 n 比较大小的操作被反复执行 3 次，但如果用户输入的值n 和 N 相等，即用户猜对数字了，则执行break 语句，提前结束循环。第10、11 行代码是else 语句的语句块。

（2）continue 语句。continue 语句用于终止本次循环中剩下的代码，直接从下一次循环继续执行。

【例7-14】报数游戏。所有参与游戏者从1 到100 依次报数并跳过3 的倍数。

算法思想：设计一个循环，依次输出从1 到100 的整数，当遇到3 的倍数时，跳过输出语句，继续下一个数。

程序源代码如下：

```
#Num Off.py
for i in range(1,101):
    if i%3==0:
        continue
print(i,end=" ")
```

程序运行结果如下：

```
1   2   4   5   7   8   10  11  13  14  16  17  19  20  22  23  25  26  28  29
31  32  34  35  37  38  40  41  43  44  46  47  49  50  52  53  55  56  58  59
61  62  64  65  67  68  70  71  73  74  76  77  79  80  82  83  85  86  88  89
91  92  94  95  97  98  100
```

在本例中，for 循环使用 range()函数生成 1 到 100 的整数序列，每次从这个整数序列中依次取一个数赋值给 i。第 3 行至第 5 行代码是循环体语句。在循环体中，首先判断 i 是否是 3 的倍数，用 "i%3==0" 进行判断。如果 i 是 3 的倍数，则执行 continue 语句，终止本次循环中的 "print(i,end=" ")" 语句，跳过当前能被 3 整除的 i，直接从下一次循环继续执行，取下一个数。这样就可以在屏幕上输出 1 到 100 中所有不是 3 的倍数的整数了。print 函数中的 "end=" ""表示每次输出的 i 的值用空格隔开。

7.5　函数的使用

在程序设计过程中，有些代码块可以完成一定的功能，并且会被重复用到。我们可以把这些重复使用的代码封装起来，并给它起一个独一无二的名字，当使用这段代码块时，只须使用它的名字，无须编写大量重复的代码。这样封装的代码块被称为函数，这段代码块的名字被称为函数名。函数名的命名规则与变量的命名规则相同。在 Turtle 库的学习中，我们认识了很多函数，如 pencolor()、forward()、setup()等，这些函数是 Turtle 库的内置函数，有些函数则是用户自己编写的，被称为自定义函数。

我们在【例 7-2】中绘制了一个正方形，其方法是绘制一条长 100 像素的直线，海龟左转 90 度，如此反复执行 4 次，得到一个正方形（正四边形）。以此类推，绘制正 n 边形，则重复执行 n 次。为了使这段代码具有可重用性，可以定义一个函数，并给它起一个名字，如 Draw Shap()。任何时候，当要绘制正 n 边形时，就可以在程序中复用该函数。

7.5.1　定义函数

函数要先定义，再使用。在 Python 中，定义函数的方法如下：

```
def 函数名(<参数列表>):
    函数体
    return 返回值列表
```

第 1 行代码，使用 def 关键字指明函数名，函数名的命名方式与变量名的命名方式相同。函数名之后是()，如果有参数，则将参数放在()里。若参数超过 1 个，则各参数之间用逗号隔开。()之后是冒号，不能省略。之后的部分是一条或多条语句，都向右缩进，构成函数的语句块，被称为函数体。有的函数有返回值，用 return 关键字进行定义，有的函数没有返回值。

以下代码是 Draw Shap()函数定义的完整代码：

```
def Draw Shap(x):
    for i in range(x):
        turtle.fd(100)
        turtle.left(180-(x-2)*180/x)
```

其中，函数名是 Draw Shap，函数的参数是x，表示要绘制的边数。函数体由下面的2～4行代码构成，由一个for循环实现。在本例中，重复绘制一条边（长100像素），向左转向，共重复执行x次。而海龟左转的方向是180度与正n边形每个内角的度数的差。第3行、第4行代码缩进，是for循环的循环体。

7.5.2　调用函数

函数定义好之后，在需要的时候就可以进行调用了。函数调用的方法为输入"函数名(参数)"。有的函数没有参数，但函数名之后的圆括号不能省略。在绘制 n 边形的例子中，参数是将要绘制的边数。也就是说，通过参数，告诉 Draw Shap 函数将要绘制几条边（循环次数）。

【例7-15】正多边形的绘制。设计一个函数，用户指定边数，根据用户指定的边数绘制正n边形。

程序源代码如下：

```
#Draw Shapf.py
import turtle
def Draw Shap(x):
    for i in range(x):
        turtle.fd(100)
        turtle.left(180-(x-2)*180/x)
n=eval(input("请输入边数(边数大于2)："))
Draw Shap(n)
```

在本例中，第3～6行代码是函数的定义。函数只有在被调用时才被执行，因此，第3～6行代码不直接执行。程序引用完 Turtle 库的代码后，先执行第7行代码，从控制台输入一个值，并将值赋给n。然后执行第8行代码 Draw Shap(n)。此时，由于调用了 Draw Shap 函数，暂停执行，程序将参数n的值传递给参数x，然后执行函数体内容（第4～6行代码）。函数执行完毕后，流程重新返回第8行代码，继续执行后面的语句（本程序到第8行代码结束，整个程序运行结束）。

7.5.3　参数

定义函数时，函数的参数被称为形式参数（或形参）。调用函数时，函数的参数被称为实际参数（或实参）。在定义函数时，函数的形参不代表任何具体的值，只有在函数被调用时，实参的值才会传递给形参。

在【例7-15】中，形参是x，实参是n。n的值是从控制台获得的。例如，当用户输入5时，n的值为5。

请输入边数(边数大于2)：5

调用 Draw Shap 函数时，5 传递给x。程序运行结果如图7-15 所示。

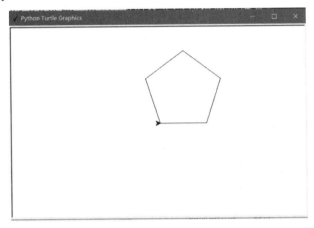

图7-15　调用 DrawShap 函数的运行结果

7.5.4　返回值

返回值是函数执行后返回函数被调用处的值。在 Python 中，使用return 语句将函数运算后的结果返回。函数可以没有return 语句，此时函数不返回值，如【例7-15】。return 语句也可以返回多个值，此时，多个值以元组类型保存。例如：

```
>>> def func(a,b):
        return b,a
>>> s=func(3,5)
>>> s
(5, 3)
```

在本例中，函数 func(a,b)的返回值是b，a。第 3 行代码用于调用函数，实参是两个整数 3 和 5。调用函数时，实参按顺序依次传递给a 和 b。return 语句用于返回b 和 a 的值，返回的是元组类型的数据。因此，最后一行输出的s 的两个值用圆括号括起来，属于元组类型。

7.6　文件的使用

和其他编程语言一样，Python 也具有操作文件（I/O）的能力，如打开文件、读取和追加数据、插入和删除数据、关闭文件、删除文件等。除提供文件操作的基本函数外，Python 还提供了很多模块，如fileinput 模块、pathlib 模块等，通过引入这些模块，可以获得大量的有关文件操作的函数和方法（类属性和类方法），从而大大提高编写代码的效率。

7.6.1　文件概述

文件是存储在外部存储器上的数据的集合，可以包含任何数据内容。按照文件中数据的组织形式，文件分两种类型。一种是文本文件。文本文件一般由特定编码的字符组成。例如，txt 格式的文本文件，这类文件能被文本编辑器或文字处理软件正常显示、编辑。另一种是二进制文件。二进制文件一般指除文本文件外的文件，由比特 0 和比特 1 组成。文件内部数据的组织格式与文件用途有关。例如，png 格式的图片文件、avi 格式的视频文件等。二进制文件没有统一的字符编码，只能当作字节流，而不能看作字符串。

关于文件，它有两个关键属性，分别是"文件名"和"路径"。其中，文件名指为每个文件设定的名称，而路径则用来指明文件在计算机上的位置。每个运行在计算机上的程序，都有一个"当前工作目录"。所有没有从根文件夹开始的文件名或路径，都假定在当前工作目录下。当表示一个文件所在的位置时，有两种表示方式，分别是绝对路径和相对路径。绝对路径通常从根文件夹开始，进行路径的描述；而相对路径则指文件相对于当前工作目录所在的位置。

例如，在"C:\Users\z\Documents\Python 程序举例"文件夹下存储了程序 Point.py。对于程序 Point.py，"C:\Users\z\Documents\Python 程序举例"被称为工作目录。若在"C:\Users\z\Documents\Python 程序举例\source"文件夹下存储了 data.txt 文件。那么，对于 Point.py，"\source\data.txt"这样的表示方式被称为相对路径，而"C:\Users\z\Documents\Python 程序举例\source\data.txt"这样的表示方式被称为绝对路径。

7.6.2　文件的打开和关闭

Python 对文件的操作步骤是"打开—操作—关闭"。因此，若想操作某个文件，则首先应打开文件。如果该文件不存在，则要创建一个文件对象。打开后的文件处于占用状态，其他的进程不能操作这个文件。完成文件操作后，要关闭文件。关闭文件将释放对文件的控制，此时，其他进程可以操作这个文件。

文件的打开通过内置的 open() 函数实现。open() 函数用于创建或打开指定文件，该函数的常用语法格式如下：

```
file = open(file_name [, mode])
```

file 表示要创建的文件对象，是个变量名。file_name 是要打开文件的文件名称，该名称要用引号（单引号或双引号都可以）括起来。请注意，如果要打开的文件和当前执行的代码文件位于同一目录中，则直接写文件名即可；否则，此参数需要指定打开文件所在的绝对路径。

mode 是可选参数，用于指定打开文件的模式。如果省略，则默认以只读（r）模式打开文件。其他文件打开模式如表 7-9 所示。

表7-9　文件打开模式

模式	含义
r	以只读方式打开文件，可读取文件信息
w	以写方式打开文件，可向文件写入信息。如果文件存在，则清空该文件，再写入新内容
a	以追加模式打开文件（即一打开文件，文件指针自动移到文件末尾），如果文件不存在，则创建文件
r+	以读写方式打开文件，可对文件进行读和写操作
w+	消除文件内容，然后以读写方式打开文件
a+	以读写方式打开文件，并把文件指针移到文件末尾
b	以二进制模式打开文件，而不是以文本模式打开文件。该模式只对 Windows 或 DOS 有效，类 Unix 的文件是用二进制模式进行操作的

例如，以只读方式打开文本文件"data.tx"的代码如下：

```
f=open("data.txt","r")
```

或

```
f=open("data.txt")
```

打开一个二进制文件，如音频、视频或图片，代码如下：

```
bf=open("pic.jpg",'rb')
```

文件使用结束后要用close()函数关闭，释放对文件的控制，该函数的使用方法如下：

```
file.close()
```

file 是个变量名，是打开文件时创建的文件对象。

7.6.3　文件的读/写

文件打开后，根据打开方式的不同，可以对文件进行相应的读/写操作。当文件以文本文件打开时，读/写操作按字符串方式进行。当文件以二进制文件打开时，读/写操作按字节流的方式进行。

1. 文件的读取

对于 Python 中的文件对象，可以使用以下三个函数读取文件中的数据：read()、readline()和 readlines()。文件读取函数及其含义如表7-10 所示。

表7-10 文件读取函数

函数	含义
Read([size])	逐字节或字符读取文件中的内容。size 作为一个可选参数，用于指定一次最多可读取的字符（字节）数量，如果省略，则默认一次读取所有内容
Readline([size])	读取文件中的一行，包含最后的换行符 "\n"。size 为可选参数，用于指定读取每行时，一次最多读取的字符（字节）数量
Readlines()	用于读取文件中的所有行，返回一个字符串列表，其中每个元素为文件中的一行内容

【例7-16】文本文件的逐行输出。

程序源代码如下：

```
#printFile.py
f=open("唐诗.txt")
for line in f.readlines():
    print(line)
f.close()
```

在本例中，程序以只读的方式打开文本文件"唐诗.txt"，并将其赋值给文件对象变量 f（第 2 行代码）。第 3 行代码中的 f.readlines()用于读取文件的所有行，并返回一个字符串列表，该列表的每个元素为文件中的一行内容。第 3 行代码中的 for 循环，用于从该列表中逐一提取元素，放在循环变量 line 中，对所提取的每个元素执行一次循环体语句。该循环的循环体语句是第 4 行代码中的 print(line)，将 line 变量输出。由于 line 每次获得文本中的一行内容，所以每次输出一行内容。最后，关闭文件（第 5 行代码）。程序运行结果如下（"唐诗.txt"的内容）：

```
        望庐山瀑布
              唐 李白
日照香炉生紫烟，
遥看瀑布挂前川。
飞流直下三千尺，
疑是银河落九天。
>>>
```

Python 将文本文件本身作为一个行序列，遍历文件的所有行还可以这样完成：

```
f=open("唐诗.txt")
for line in f:
    print(line)
f.close()
```

2. 文件的写入

对于 Python 中的文件对象，可以使用以下两个函数进行写入操作：write() 和 writelines()。文件写入函数及其含义如表7-11 所示。

表7-11 文件写入函数

函数	含义
write（string）	向文件中写入指定（string）内容
writelines（lines）	将字符串列表写入文件中

【例7-17】文本文件数据写入。

程序源代码如下：

```python
#writeFile.py
f=open("test.txt","w+")
ls=["中国","云南","昆明"]
f.writelines(ls)
f.seek(0)
for line in f.readlines():
    print(line)
f.close()
```

在本例中，第 2 行代码以读/写的方式打开"test.txt"文件，若这个文件存在，则会覆盖（清空）原文件的内容，若这个文件不存在，则会创建一个空白文件。第 3 行代码用于创建一个含有 3 个元素的字符串列表变量 ls。第 4 行代码用于将字符串列表 ls 写入"test.txt"文件中。第 5 行代码用于将文件操作指针返回到文件的开始位置。如果没有 f.seek(0)，则第 6~7 行代码并不能实现打印输出文件内容的操作。这是因为当文件写入内容后，文件操作指针在写入代码的后面，执行第 6~7 行代码后，文字指针输出的是文件指针之后的内容，并不能将写入的内容输出。程序运行结果如下：

```
中国云南昆明
>>>
```

7.6.4 综合应用

【例7-18】自动轨迹绘图。

7.2 节介绍了海龟绘图体系，用户可以根据给定的参数对海龟进行控制从而绘制图形。自动轨迹绘图就是将绘图的数据（参数）写成脚本，通过读取数据脚本里的数据实现自动轨迹绘图。自动轨迹绘图的思想是将数据和功能分离，通过读入不同的数据脚本绘制不同的图形。

自动轨迹绘图的基本思路如下：

（1）定义数据文件接口（格式）。

（2）编写程序，根据文件接口解析参数绘制图形。

（3）编制数据文件。

在本例中，设计一个点阵图，即在不同坐标点填充不同的颜色，绘制一幅点阵图。数据接口示意图如图7-16所示。

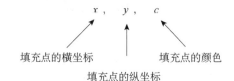

图7-16　数据接口示意图

其中，(x, y) 用于确定填充颜色的坐标，c 是该填充点的颜色字符串。数据文件如图7-17所示。

图7-17　数据文件

以下是自动轨迹绘图的代码：

```python
#Pointfile.py
import turtle
def Point (x,y,c):
    turtle.fillcolor(c)
    turtle.penup()
    turtle.goto(x,y)
    turtle.pendown()
    turtle.begin_fill()
    turtle.goto(x+10,y)
    turtle.goto(x+10,y-10)
    turtle.goto(x,y-10)
    turtle.goto(x,y)
```

```
        turtle.end_fill()
f=open("data.txt")
ds=[]
for line in f:
        ds.append(list(map(eval,line.split(','))))
f.close
N=len(ds)
for i in range (N):
        Point(ds[i][0]*10,ds[i][1]*10,ds[i][2])
turtle.hideturtle()
```

程序第 3 ~ 13 行代码定义了一个绘图函数 Point(x,y,c)。程序从第 14 行代码开始执行，以只读方式打开数据文件。第 14 行代码创建了一个空列表 ds。第 15~16 行代码依次遍历了文件对象变量 f 中的每一行，用列表追加的方式将文件中每一行数据作为一个元素添加到 ds 列表的最后（列表的 append()函数参见 7.3.4 节）。在遍历过程中，line 每次获得一行数据，此时得到的是一个字符串。line.split(',') 表示把 line 字符串按照逗号切分成多个字符串存在一个列表中。例如，文件中的第 1 行数据切分后得到['6', '14', "'red'"]。map()函数根据提供的函数对指定序列进行映射。map(eval,line.split(','))表示用 eval 函数把切分出的列表的每个值转换成 eval 返回值类型并返回。实际上就是将 line 分隔的字符串转换成数字。而对于 "'red'"\n'，eval 函数去掉外部单引号，将其解释为"red"。map 函数的返回值不再是列表类型，所以通常会配合使用 list 函数将其转化为列表类型。因此，ds 列表中的一个元素就是读取的数据文件里的一行，并且每个元素都是列表类型。ds 中的数据格式如下：

```
[6, 14, 'red']
[7, 14, 'red']
[8, 14, 'red']
[9, 14, 'red']
[4, 13, 'red']
[5, 13, 'red']
......
```

第 17 行代码用于获取列表 ds 的长度，即元素个数，作为第 18~ 19 行代码循环的次数。在这个循环中，依次遍历 ds 的每个元素（数据文件中的每行数据），将每行的值作为 Point 函数的参数。因为屏幕上的每个像素点很小，所以将填充的范围扩大了 10 倍，也就是实际填充的是一个 10×10 的区域。

程序运行结果如图 7-18 所示。同样的程序，当读入不同的数据脚本，就可以绘制出不同的图形。请读者自己设计一个数据脚本，绘制自己喜爱的图形吧。

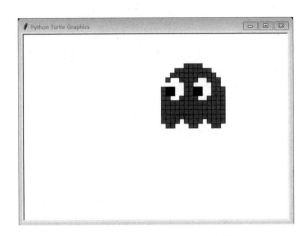

图 7-18　Pointfile.py 运行结果

习题 7

（1）利用 Turtle 库函数，绘制一个五角星，并填充为红色。

（2）利用 Turtle 库函数，根据自己的喜好，绘制一幅非几何形状的作品。

（3）编写程序，输入一串字符，统计数字、字母、空格及其他字符的个数。

（4）假设一张纸的厚度是 0.1mm，并可以无限次对折。编写程序，计算这张纸对折多少次后，其厚度可以超过珠穆朗玛峰的高度 8848.86 米。

（5）编写程序，读取一个文本文件，统计文件中出现的数字、字母、空格及其他字符的个数。

第8章　Python 数据分析与可视化

用如图8-1所示的流程图来简单回顾在第3章讨论过的数据分析与可视化过程，其中白框中所提到的项目正是读者即将在本章中学习的利用 Python 编程技术在数据分析方面的实践内容。

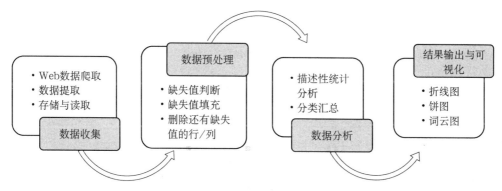

图8-1　数据分析流程图

本章将介绍使用 Python 及一些相关的第三方库进行数据分析，内容涉及网页数据爬取、爬取内容的解析、数据提取、数据存储和再读取、数据预处理、简单数据分析和数据可视化，这些内容几乎囊括了数据分析的整个流程。除各知识点讲解时配有的小例子外（以"【例8-×】"为名），本章还设计了一个贯穿全篇的完整实例（以"【实例8-×】"为名），希望读者能在实际的应用背景支撑下对数据分析过程有一个全面的体验，进而在日常学习和工作中逐步建立起自己的数据思维。

8.1　Python 爬虫 Web 数据收集

WWW（World Wide Web，万维网，简称Web）是互联网基础设施上扩展出的一种应用，它的问世（1989 年）极大地推动了互联网的普及。万维网遵循超文本传输协议（HTTP，Hypertext Transfer Protocol），该协议是一个典型的采用C/S（客户/服务器）方式进行通信的协议。人们打开浏览器，在地址栏中输入网址，然后按"Enter"键，看到网页显示在浏览器窗口中的过程其实是一个 HTTP 客户端通过 HTTP 协议访问 WWW 服务器的过程。

WWW是一个巨大的、分布式的（相对于集中式的）信息储藏所。爬虫就是一段自动抓取WWW上信息的程序。这里所说的"自动"是指爬虫程序可以模拟浏览器向 WWW 服务器发送请求并获得响应。如图8-2 所示展示了一个最简单的、爬取单个网页爬虫程序的工作流程。

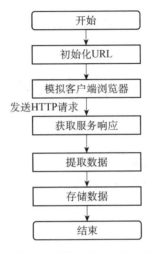

图 8-2　单个网页的爬虫程序的工作流程

8.1.1　Requests 库概述

要从互联网的大海里捞出想要的鱼，人们需要一个顺手的工具，而 Python 的第三方库 Requests 就是这个工具。

相比于同行库，Requests 库被称为"优雅而简单"的 HTTP 库，它非常人性化，是目前广受欢迎的一个 Python 库。但它属于 Python 的第三方库，使用前要安装后再导入。

1. Requests 库的安装

安装 Requests 库的方法很简单，在联网状态下，在命令行窗口中直接运行 pip install requests 命令（见图 8-3），就可以在线安装 Requests 库了。

图 8-3　Requests 库的安装

2. Requests 库的测试

Requests 库安装完成后，可以在 Python 交互式编程环境下，运行 import requests 命令。该命令只是一个导入库的语句，运行后没有任何返回值，但如果没有出现任何报错语句，则说明 Requests 库已经正确安装了。

3. Requests 库包含的方法/函数

Requests 库包含的方法/函数有 requests.request()、requests.get()、requests.post()、requests.head() 等 8 种，详细的功能说明如表 8-1 所示。

表8-1　Requests 库的 8 种方法/函数

方法/函数	功能说明
request	构造并发送 request 请求
get	请求获取 WWW 上 URL 所标识的资源
options	发送一个 options 请求
head	请求获取 URL 位置资源的响应消息报告，即获得资源的首部信息
post	请求向 URL 位置的资源后附加新的消息
put	请求向 URL 位置存储一个资源，覆盖原 URL 位置的资源
patch	请求局部更新 URL 位置的资源，即改变该处资源的部分内容
delete	请求删除 URL 位置存储的资源

这 8 种方法/函数都返回一个 requests.response 对象的实例，即服务器对这个 HTTP 请求的响应。

在这 8 种方法中，requests.get(url) 方法是最常用的，因为 get 方法也是 HTTP 协议中客户端浏览器向 WWW 服务器请求网页时最常用的方法。当然也可以通过 requests.request (get,url) 来获得同样的功能，但写成前者会更简洁一些。调用 Requests.get() 方法的常用语法格式为：

```
requests.get(url, timeout)
```

其中，url 参数是希望抓取的网页的 URL，也就是网页的准确地址；timeout 是一个时间参数，单位为"秒"，它规定了等待服务器发送数据的最长等待时间，可以是实数（float）形式或元组形式，即连接超时、读取超时这样的元组形式。

【例8-1】网络图片爬取与保存。要求：爬取国家地理中文网上一张有关慕尼黑啤酒节的照片，这张照片的 URL 是：http://www.ngchina.com.cn/photography/photo_of_the_day/****.html。

代码如下：

```
import requests
import os
url = r"http://image.ngchina.com.cn/2020/1002/*********.jpg"#设定爬取对象
的url.
```

```
path = r"D:/images/"    #设定保存路径
file = path + url.split('/')[-1]    #设定保存的文件名
#用字符串的split()方法以"/"为标记切分url字符串,取第一个子串和path字符网拼接在
一起
if not os.path.exists(path):
    #如果文件夹不存在,则建立这个文件夹
    os.mkdir(path)
if not os.path.exists(file):
    #如果文件不存在,才建立这个文件
    r = requests.get(url)
    #使用requests.get()方法获取url所指向的资源
    with open(file, 'wb') as f:
        f.write(r.content)
        #由于本次爬取的资源不是文本,而是.jpg格式的图像,所以不能用r.text
        f.close()
        print("文件已保存成功")
else:
    print("文件已存在")
    #如果文件存在就不用再爬取了
```

可以在 Windows 资源管理器下查看运行结果,如图8-4 所示。

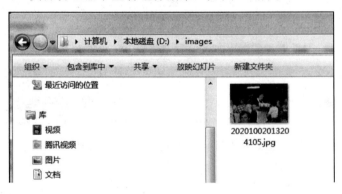

图8-4　爬取并保存下来的图片文件

8.1.2　Requests 数据爬取实例

本章用一个贯穿全章的实例来展示数据从获取到分析,再到可视化的完整过程。在本例中,读者可以尝试使用requests.get()方法向一个 Web 服务器请求它的一个页面。

【实例8-1】使用requests.get()方法向"排行榜"网的 Web 服务器请求一个有关"2019年国家杰出青年"排行榜的网页,如图8-5 所示,这个网页的 URL 是 https://www.phb123.

com/renwu/yingxiangli/*****.html。

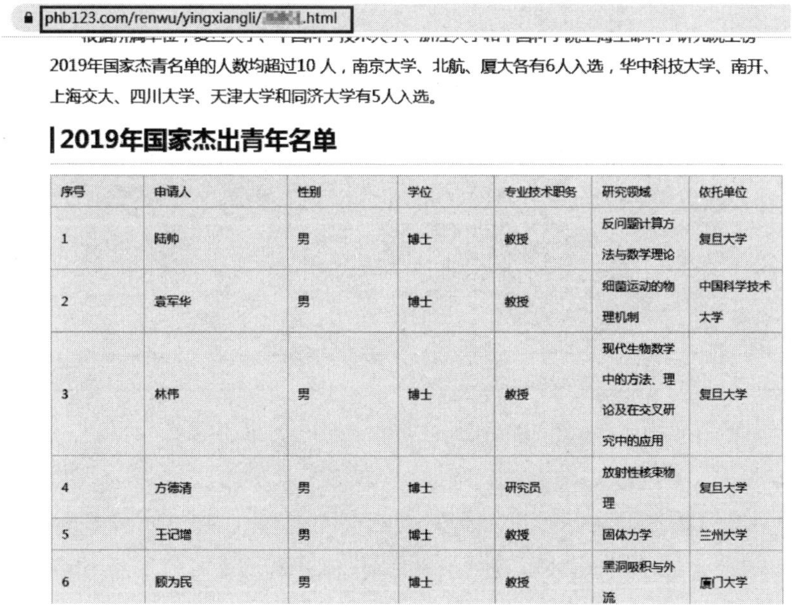

phb123.com/renwu/yingxiangli/.html

2019年国家杰青名单的人数均超过10 人，南京大学、北航、厦大各有6人入选，华中科技大学、南开、上海交大、四川大学、天津大学和同济大学有5人入选。

2019年国家杰出青年名单

序号	申请人	性别	学位	专业技术职务	研究领域	依托单位
1	陆帅	男	博士	教授	反问题计算方法与数学理论	复旦大学
2	袁军华	男	博士	教授	细菌运动的物理机制	中国科学技术大学
3	林伟	男	博士	教授	现代生物数学中的方法、理论及在交叉研究中的应用	复旦大学
4	方德清	男	博士	研究员	放射性核束物理	复旦大学
5	王记增	男	博士	教授	固体力学	兰州大学
6	顾为民	男	博士	教授	黑洞吸积与外流	厦门大学

图 8-5 “排行榜”网“2019 年国家杰出青年”排行榜的网页

代码如下：

```
import requests
from bs4 import BeautifulSoup

r = requests.get(url = \
'https://www.phb123.com/renwu/yingxiangli/*****.html', \
timeout = 40)
r.status_code    #结果显示为200即为成功。
```

结果分析：

在本例中，向网站 www.phb123.com 请求它在/renwu/yingxiangli/路径下的一个 HTML 页面，即*****.html，并将来自服务器的响应结果存于对象 r 中，并通过 r.status_code 语句查看 r 的状态码，结果显示 200，表示请求成功。

这里以“https”开头的长字符串就是 get 请求方法的 URL，另外一个 timeout 参数是等待时间，它同时将“连接超时”和“读取超时”两个等待时间都设置成 40 秒，如果在请求过程中发生超时，则程序会转入异常处理。这个参数的设置还是必要的，因为如果服务器不能及时响应，而程序又没有设置超时时间，那么程序可能会一直挂起又没有反应。

接下来还可以通过 print(r.text)语句对响应的内容进行查看，如图 8-6 所示。

图8-6　print(r.text)执行效果——中文不能正确显示

结果分析：

在图8-6中可以看到响应的内容就是请求网页的 HTML 脚本，但是会发现网页中有中文的地方并不能正确显示，其原因是网页的编码未正确设置，于是在print(r.text)执行前，将代码调整为：

```
r.encoding = r.apparent_encoding
print(r.text)
```

结果（部分 HTML 代码）如下所示：

```
<!DOCTYPE doctype html>
<html>
<head>
<meta charset="utf-8"/>
<title>
2019年国家杰出青年名单公布 300位国家杰青上榜(完整版)_排行榜123网
</title>
<meta content="排行榜123网讯，2019年国家杰出青年基金资助项目申请人名单出炉，共
300人入选，同比去年的200人增长很多。其中北京大学入选人数最多达到了22人，清华大学紧随其后
入选14人，复旦与中国科学" name="description"/>
<meta content="2019年国家杰出青年名单" name="keywords"/>
<meta
content="format=html5;url=https://web.phb123.com/renwu/yingxiangli/*****.htm
l" name="mobile-agent"/>
<link href="/css/css.css?v=1.0" rel="stylesheet" type="text/css"/>
<script src="/js/jquery.js" type="text/javascript">
</script>
```

```
<script src="/js/lcmbase.js" type="text/javascript">
</script>
<script src="/js/phbgg2.js" type="text/javascript">
</script>
</head>
......
```

结果分析：中文字符能够正常显示了，但是 HTML 的脚本均为左对齐形式，不便于分析代码的逻辑结构，有没有什么好办法能够让代码显示出逻辑层次（见图8-7）呢？请读者在后面的实例中寻找答案。

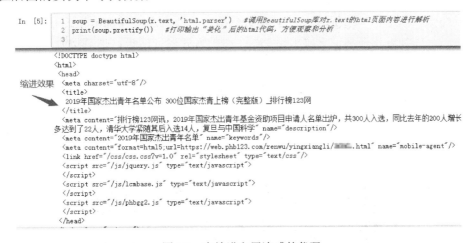

图8-7　有缩进和层次感的代码

在本节的最后，我们一起来学习有关机器人协议的概念，从而在使用爬虫程序时杜绝违法行为。Robots 协议（如 robots.txt）是一种存放于网站根目录下的 ASCII 编码的文本文件，它通常告知 Web 爬虫此网站中的哪些内容是不应被获取的、哪些内容是可以被获取的。在浏览器的地址栏中输入 phb123.com/tobots.txt，可以查看到"排行榜"网的 Robots 协议，如图8-8 所示。

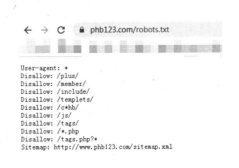

图8-8　"排行榜"网的 Robots 协议

经过阅读发现，爬取的网页并不在"排行榜"网列出的不允许（Disallow）爬取的范围内，这些网页是允许爬取的。从 Robots 协议的格式上可以看到，它只是一个文本文件，并不属于反爬的技术范畴，是一个"君子协定"。但是人们要深刻认识它所代表的意义：使用爬虫程序快速、频繁地爬取网站数据会给网站的 Web 服务器带来巨大资源开销，严重时甚至可能导致该网站的 Web 服务中断，给网站运营者及其客户带来重大经济损失；同时，网络爬虫可能会涉及隐私数据的泄露等问题，所有这些可能会给编写爬虫程序的人和使用数据的人带来法律问题。因此，在使用爬虫程序爬取网络中想要的数据时，必须注意掌握好使用爬虫程序的"度"。

8.1.3 Beautiful Soup 库概述

由 Requests 库获取到的是整个网页上的所有信息，但这些信息庞杂，未必都是人们想要的。Requests 库就好比一张大网，在捞起人们想要的鱼的同时也捞起了人们不想要的虾和贝类，怎么把人们想要的鱼从这堆混杂物中分拣出来呢？这就需要 Beautiful Soup 库的帮助。

Beautiful Soup 也是 Python 的一个第三方库。它可以将前面用 Requests 库获取到的网页的全部内容映射成一棵由 HTML/XML 标签构成的、反映标签层级的"树"，再通过解析、遍历这棵"标签树"来提取用户想要的数据。总而言之，Beautiful Soup 就是一种网页解析器，它可以将一个网页字符串按 DOM 树的方式进行解析，然后按照用户的要求提取所需的信息，和它一样使用类似原理对网页进行解析的解析器还有 html.parser 和 lxml，而正则表达式是另一类通过字符串模糊匹配来提取有价值的信息的网页解析器。

由于 Beautiful Soup 库已经被移植到一个名为 bs4 的包中，所以在导入 Beautiful Soup 库时应事先安装 bs4 包。Beautiful Soup 库的安装与测试方法与 Requests 库类似，如图 8-9 所示。

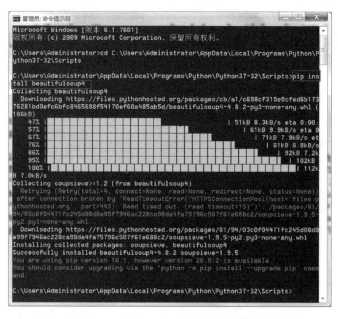

图 8-9　Beautiful Soup 库的安装方法

8.1.4 Beautiful Soup 库数据提取实例

【实例8-2】使用 Beautiful Soup 库提取需要的网页信息。具体操作步骤如下：

试着从刚刚用 Requests 库爬取下来的网页文本中提取出我们想要的信息。在 Python 交互式编程环境下编写并运行以下两条语句：

```
soup = BeautifulSoup(r.text, 'html.parser')  #其中，r.text中存储的就是爬取下来的 HTML 页面内容。
print(soup.prettify())
```

第一个语句是以爬取下来的 HTML 页面内容 r.text 为解析对象、以 html.parser 为解析器构建一个 BeautifulSoup 的对象 soup，这个 soup 对象就是前面提到的那一整棵“树”；第二句则是调用 soup 对象的 prettify()方法对整棵“树”进行美化输出，这里的“美化”是指通过缩进使位于不同层次的 HTML 标签展现出它们的层次关系。

运行结果如图 8-10 所示。

```
 <td class="et2" height="18" style="height:13.50pt;" x:num="1">
  1
 </td>
 <td class="et2" x:str="">
  陆帅
 </td>
 <td class="et2" x:str="">
  男
 </td>
 <td class="et2" x:str="">
  博士
 </td>
 <td class="et2" x:str="">
  教授
 </td>
 <td class="et2" x:str="">
  反问题计算方法与数学理论
 </td>
 <td class="et2" x:str="">
  复旦大学
 </td>
</tr>
<tr height="18" style="height:13.50pt;">
 <td class="et2" height="18" style="height:13.50pt;" x:num="2">
  2
 </td>
 <td class="et2" x:str="">
```

图 8-10　使用 prettify()方法输出带有缩进的 HTML 代码

观察图 8-10 中的这段 HTML 代码，可以发现想要的表格信息均存在于 class 属性为“et2”的<td>标签中，根据这一发现来提取这些信息。代码如下：

```
tags = soup.select('.et2')    #在soup层次树中选取类名为“et2”的那些类别
#注意：et2前有一个英文句点不能漏
count = 0
infoList = []
for tag in tags:
    #print(tag.get_text(),end='xx')     #或print(tag.string)
    ctt = tag.get_text().strip()    #strip()函数用于去除字符串首尾的空白字符
```

获取到的所有字段以一维线性的方式存在，以下这组 if 语句可以把它们组织成一张二维表格的形式，即和一个申请人相关的所有信息为一行。从网页文本中提取出与每个申请人相关的 7 个字段：序号、申请人、性别、学位、专业技术职务、研究领域、依托单位。

```
    if count%7 == 0:
        num = ctt          #获取序号，存入变量num中
        count = count + 1
    elif count%7 == 1:
        person = ctt        #获取申请人，存入变量person中
        count = count + 1
    elif count%7 == 2:
        gender = ctt        #获取性别，存入变量gender中
        count = count + 1
    elif count%7 == 3:
        degree = ctt        #获取学位，存入变量degree中
        count = count + 1
    elif count%7 == 4:
        position = ctt
        count = count + 1
    elif count%7 == 5:
        field = ctt
        count = count + 1
    elif count%7 == 6:
        company = ctt
        infoList.append([num, person, gender, degree, position, field, company])
        count = count + 1


fmt = "{:4}\t{:10}\t{:1}\t{:4}\t{:10}\t{:20}\t{:10}"  #定义格式字符串
for row in infoList:
    print(fmt.format(row[0],row[1],row[2],row[3],row[4],row[5],row[6]))
```

运行结果如图8-11所示。

序号	申请人	性别	学位	专业技术职务	研究领域	依托单位
1	陆帅	男	博士	教授	反问题计算方法与数学理论	复旦大学
2	袁军华	男	博士	教授	细菌运动的物理机制	中国科学技术大学
3	林伟	男	博士	教授	现代生物数学中的方法、理论及在交叉研究中的应用	复旦大学
4	方德清	男	博士	研究员	放射性核束物理	复旦大学
5	王记增	男	博士	教授	固体力学	兰州大学
6	顾为民	男	博士	教授	黑洞吸积与外流	厦门大学
7	向导	男	博士	教授	基于加速器的超快科学装置物理及关键技术	上海交通大学
8	李婧	女	博士	研究员	太赫兹探测，射电天文	中国科学院紫金山天文台
9	邵成刚	男	博士	教授	精密引力实验中的噪声研究	华中科技大学
10	卢海舟	男	博士	教授	磁场中拓扑物质的电子输运理论	南方科技大学
11	刘毅	男	博士	研究员	三维流形的拓扑与几何	北京大学
12	杨振伟	男	博士	副教授	重味强子的实验研究	清华大学
13	杨越	男	博士	研究员	湍流与转捩	北京大学
14	田晓辉	男	博士	研究员	基于量子力学原理的统计物理基础之研究	中国科学院理论物理研究所
15	邹长亮	男	博士	教授	大规模数据统计推断	南开大学
16	孙明波	男	博士	教授	超声速燃烧	中国人民解放军国防科技大学
17	吕朝锋	男	博士	教授	非均质材料与结构力学	浙江大学
18	何峰	男	博士	教授	强场中的原子分子超快动力学研究	上海交通大学

图8-11 成功提取并显示所需信息

HTML（Hypertext Markup Language）是超文本标记语言，万维网上的静态页面都是用这种标记语言写成的，之所以被称为"标记语言"是因为在这种脚本语言中大量使用了成对出现的带有尖括号的标签（Tag），如【例8-2】所示。

【例8-2】在本文编辑器中建立网页。代码如下：

```html
<html>
<title>这里显示网页的标题</title>
<body>
<h1>网页的正文从这里开始，这段文字被放在h1标记里，将显示为标题字体</h1>
<p>这是网页中的第一个段落。在 HTML 中，每个自然段都是用一对 P 标记括起来的。</p>
<p>这是网页中的第二个段落。P 标记代表英文中的paragraph，即段落的意思。</p>
</body>
</html>
```

以上是一个最简单的万维网页面，读者可以打开 Windows 自带的记事本程序，输入【例 8-2】中的代码，在保存时注意使用"另存为"功能，并把文件的扩展名设置为"html"或"htm"，将编码方式设置为"UTF-8"，以便中文能够正确显示，如图 8-12 所示。扩展名改变后，文件的图标会显示为网页图标形式，这时双击打开文件，计算机中的默认浏览器会启动，该页面将显示在浏览器的窗口中，如图 8-13 所示。

图8-12　将记事本文档另存为静态网页格式html

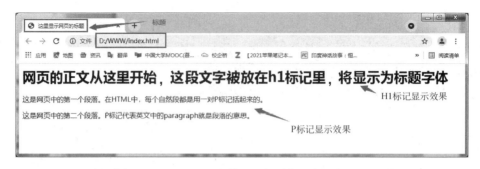

图 8-13　index.html 文件显示在浏览器窗口中打开

8.1.5　Pandas 数据存储与读取实例

从网络上爬取下来的数据在进一步处理前可能要长期保存在磁盘上方便后续使用。这里涉及从内存将数据存入磁盘和从磁盘读取数据到内存两个动作，我们通过前面的实例进行演示。

Python 本身内置了读写文件的函数，如 8.1.1 节的【例 8-1】所示。这里再介绍一种简单易行的办法：通过 Pandas 库的 to_excel()方法，将"2019 年国家杰出青年名单"的数据保存到硬盘上；当要对数据进行分析处理时，再通过 read_excel()方法将其导入内存。Pandas 库还提供了将结构化数据保存成各种类型的文件（如 csv、json、xlsx，以及各种数据库格式等）的方法，也可方便地从上述文件中导入数据。Pandas 库是一个专门用于数据分析的 Python 第三方库，有关 Pandas 库的详细介绍见 8.2 节。

【实例 8-3】利用 Pandas 库的 to_excel()方法将 df1 数据导入本地 D 盘的 rankYouth.xlsx 文件中，存成一张工作表（sheet），并将这个工作表命名为"2019 年国家杰出青年名单"。

```
import numpy as np     #导入numpy库
import pandas as pd     #导入pandas库
#利用infoList表的第0列数据产生一个pandas库的(常使用其别名pd)的 DataFrame类对象
实例df1
    df1 = pd.DataFrame(infoList,columns = infoList[0])
#利用 pandas库的to_excel()方法将数据写入本地 D 盘的rankYouth.xlsx文件中，存成一
张工作表(sheet)，并将这个工作表命名为"2019年国家杰出青年名单"
    df1.to_excel(excel_writer = r"d:\rankYouth.xlsx", sheet_name = "2019年国
家杰出青年名单")
```

完成情况如图 8-14 和图 8-15 所示。

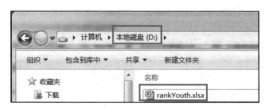

图 8-14　在 D 盘上查看保存的 Excel 文件

图8-15　打开rankYouth.xlsx文件查看工作表

在任何时候如需将 rankYouth.xlsx 的内容再次导入内存，则只须使用一条 pd.read_excel()语句就可以完成了，完整程序如"实例8-4"所示。

【实例8-4】利用Pandas库的read_excel()方法将 d:\rankYouth.xlsx 导入内存，并将其赋给一个变量df1，查看df1 的类型。完整代码如下：

```
import numpy as np
import pandas as pd
df1 = pd.read_excel(r"d:\rankYouth.xlsx")    #调用 pd.read_excel()方法读取
Excel文件内容。
print(df1)
print(type(df1))
```

执行过程及结果如图8-16 所示。

```
   Unnamed: 0   序号  申请人 性别  学位  专业技术职务                    研究领域          \
0          1     1   陆帅   男  博士    教授         反问题计算方法与数学理论
1          2     2  袁军华   男  博士    教授         细菌运动的物理机制
2          3     3   林伟   男  博士    教授  现代生物数学中的方法、理论及在交叉研究中的应用
3          4     4  方德清   男  博士   研究员         放射性核束物理
4          5     5  王记增   男  博士    教授         固体力学
..       ...   ...  ...  ..  ..   ...                    ...
295      296   296   周洁   女  博士    教授         粘膜免疫与疾病
296      297   297  林灼锋   男  博士   研究员         脂肪细胞因子与心血管疾病
297      298   298   高昊   男  博士    教授         中药药效物质
298      299   299   朱波   男  博士    教授         肿瘤免疫调控的细胞与分子机制
299      300   300  张晨   男  博士    教授         神经生物学

                 依托单位
0               复旦大学
1             中国科学技术大学
2               复旦大学
3               复旦大学
4               兰州大学
..               ...
295            天津医科大学
296            温州医科大学
297             暨南大学
298       中国人民解放军第三军医大学
299            首都医科大学

[300 rows x 8 columns]
```

图8-16　使用Pandas 库导入 Excel 文件中的数据

从图中可以看到：变量df1的类型正是 DataFrame 类型，这将方便我们后续利用该类型提供的各种方法进行数据预处理与分析。同时，我们还注意到导入的数据是一个300行、8列的二维表，与前面刚爬取下来的数据相比，多了一种名为"Unnamed：0"的属性，我们可以在数据预处理时轻松地把它去掉。

8.2 Pandas 数据预处理

8.2.1 Pandas 库概述

Pandas 的名字由"Panel Data"（面板数据）和"Python Data Analysis"（Python 数据分析）构成，它是一种功能强大的基于 NumPy（提供高性能的矩阵运算）的分析结构化数据的工具集，提供数据清洗、分析功能，还可结合 Matplotlib 和 Seaborn 等可视化库一起使用，共同完成数据分析和可视化任务。

NumPy（Numerical Python）是一个开源的 Python 科学计算基础库，它包含一个强大的 n 维数组对象ndarray，该对象既可以将数据组织成（多维）列表的形式，又可以去掉列表元素间运算所需的循环，使 n 维数组更像单个数据。例如，可以像操作单个数据一样，写出不含循环的表达式，直接求 n 维数组的加、减、乘、除和乘方运算。

由于 Pandas 是基于 NumPy 库的，所以在引入 Pandas 库时要同时引入 NumPy 库，下面的两个import语句常会成对出现在 Python 脚本文件的开头：

```
import numpy as np    #导入numpy库，习惯上为其取定别名np
import pandas as pd   #导入pandas库，习惯上为其取定别名pd
```

Pandas 提供了大量能使人们快速便捷地处理数据的函数和方法，如数据读取、索引切片、分组、时间序列、重塑、合并，可以对各类数据（包括csv，json，xlsx，txt，api，htm，以及各种数据库格式等）进行读取，也可以把数据高效简单地存储成多种格式。Pandas 提供了两种主要的数据类型，即 Series（一维数据）与 DataFrame（二维数据），别小看了这两种数据类型，它们"双剑合璧"就足以处理金融、统计、社会科学、工程等领域里的大多数典型用例，在本章的实例中大家也可以对此有所体会。Series 和 DataFrame 类型都由索引和数据两部分构成，用户可以通过索引方便地操纵数据。索引就好像 Excel 里的单元格名称一样。例如，通过 A1+B3 就可以实现两个单元格中值的加法，这里 A、B 就是单元格的列索引，1、3 则是单元格的行索引。Series 是一种一维数组的形式，因此仅需要一个索引，即行索引（index）（因为 Series 数据只有一列，所以无须区别列索引）；而 DataFrame 是二维表格数据的形式，所以需要行（index）和列（column）两种索引。DataFrame 可以看作由 Series 组成的字典（共同用一个索引），即 DataFrame 的每一列就是一个 Series，Series 和 DataFrame 类型的对比与联系如图8-17所示。

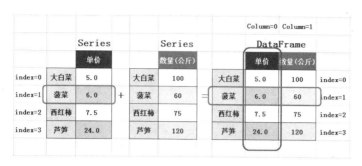

图8-17　Series 和 DataFrame 类型的对比与联系

8.2.2　Series 类型

Series 是一种类似于一维数组的对象，它由一组数据及一组与之相关的数据标签（即索引）组成。生成 Series 类型数据的常用格式如下：

```
pandas.Series(data,index)
```

其中，data 为某个数据类型的对象，指 Series 类型对象可以由这种数据类型的对象转换而来，data 可以是列表型数据（list）、数组型数据（如ndarrary）、字典型数据（dict）、可迭代型数据（iterable）或标量数值型数据。index 为索引值，要求与数据长度相同，dtype 用于指定元素的数据类型。

下面给出一组建立 Series 类型数据的例子。

【例8-3】利用NumPy 的创建函数创建ndarray 数据，再生成 Series 类型数据。

代码如下：

```
import numpy as np     #导入numpy库，设置别名为np
import pandas as pd    #导入pandas库，设置别名为pd


#使用np.arange()方法生成一个numpy.ndarray类型数据，并将其赋给变量data
data = np.arange(0,10,1)     #从0到10，以1为步长值生成一组数据
print(data)               #输出data的值
print(type(data))          #输出data的类型


#通过data创建Series类型数据s
s = pd.Series(data)
print(s)                  #输出s的值
print(type(s))             #输出s的类型
```

结果显示如下：

```
[0 1 2 3 4 5 6 7 8 9]
<class 'numpy.ndarray'>
0    0
1    1
2    2
3    3
4    4
5    5
6    6
7    7
8    8
9    9
dtype: int32
<class 'pandas.core.series.Series'>
```

结果分析：从运算结果中可以看到 data 是一个 numpy.ndarray 类型变量，而 s 是一个 pandas.core.series 变量。Series 即 Series 类型变量。它们存储的数据内容是一样的，都是 0～9 这 10 个整数，但是它们的数据组织方式（类型）是不同的，不同的类型也意味着操作它们的方法或函数是不同的。

【例 8-4】将所购菜品的单价和数量分别存入两个 Series 类型对象 price 和 kilo 中，再分别求出每种菜品的付款小计，最后计算购买所有菜品的总金额。完整代码如下：

```
import numpy as np
import pandas as pd
price = pd.Series([5.0,6.0,7.5,24],index = ['大白菜','菠菜','西红柿','芦笋'],name = '单价')    #以列表数据产生 Series 类型数据
kilo = pd.Series([20,10,10,5], index = ['大白菜','菠菜','西红柿','芦笋'],name = '数量(公斤)')  #参数 name 可以给这列 Series 数据加个名称
sub_total = price * kilo        #用 price 乘以 kilo 求出各种菜品的付款小计，并存入变量 sub_total 中
sub_total.name = '小计'
print(price)
print(kilo)
print(sub_total,type(sub_total))
print('购买所有菜品的总金额为:{:.2f}'.format(sub_total.sum()))
```

程序运行结果如图 8-18 所示。

```
大白菜      5.0
菠菜       6.0
西红柿      7.5
芦笋      24.0
Name: 单价, dtype: float64
大白菜       20
菠菜       10
西红柿      10
芦笋        5
Name: 数量（公斤）, dtype: int64
大白菜     100.0
菠菜      60.0
西红柿     75.0
芦笋     120.0
Name: 小计, dtype: float64 <class 'pandas.core.series.Series'>
购买所有菜品的总金额为:355.00
```

图8-18　【例8-4】程序运行结果

从这个例子中可以看到：由于菜品的单价和数量都是以 Series 类型组织的，所以在进行不同菜品的价格小计时非常方便，只使用了一个表达式"sub_total = price * kilo"就可以进行整体操作，而不用费力编写循环了。

8.2.3　DataFrame 类型

DataFrame 是一个表格型的数据结构，它含有一组有序的列，每列可以是不同的值类型（数值、字符串、布尔型值）。DataFrame 既有行索引（index），也有列索引（column）。生成 DataFrame 类型实例的常规方法如下：

```
pandas.DataFrame(data,index,columns)
```

其中，data 是 DataFrame 类型对象的数据部分，index 是行索引，columns 是列索引（列名）。data 可以是 ndarray（由 NumPy 库中的多种方法产生）数组型数据、iterable 可迭代型数据、dict 字典型数据或 DataFrame 类型的数据，其中以 dict 为数据形式建立 DataFrame 类型的数据最常见。字典型数据是一种以"键值对"形式表示的数据，当以 dict 为数据形式产生 DataFrame 类型的数据时，"键"被作为数据的列名，也就是 columns 的内容。

【例8-5】通过一个列表类型的字典型 data1 来建立一个 DataFrame 对象 df，再将 df 分解为三个 Series 类型数据：Name，Age，Sex。代码如下：

```
import numpy as np
import pandas as pd
#建立含有列表的字典型数据data1
data1 = {
        "Name": [
            "张成",
            "李美丽",
            "陈静",
            "赵云",
            ],
```

```
            "Age": [20, 25, 23,20],
            "Sex": ["男", "女", "女","男"],
            }

    #以data1为参数建立DataFrame类型的数据对象df
    df = pd.DataFrame(data1)

    #输出df的类型及索引信息
    print(df)
    print("df 的类型是: {},\ndf 的行索引 index 是: {},\ndf 的列索引 columns 是:
{}".format(type(df), df.index, df.columns))

    #将df拆成三个Series数据: Name,Age和Sex
    Name = df['Name']
    Age = df['Age']
    Sex = df['Sex']

    #输出 Name,Age,Sex变量的值和类型信息
    print(Name)
    print(Age)
    print(Sex)
    print(type(Name))
    print(type(Age))
    print(type(Sex))
```

运行结果如下所示:

```
     Name  Age Sex
0    张成    20   男
1    李美丽  25   女
2    陈静    23   女
3    赵云    20   男
df的类型是: <class 'pandas.core.frame.DataFrame'>,
df的行索引index是: RangeIndex(start=0, stop=4, step=1),
df的列索引columns是: Index(['Name', 'Age', 'Sex'], dtype='object')
0    张成
1    李美丽
2    陈静
3    赵云
```

```
Name: Name, dtype: object
0    20
1    25
2    23
3    20
Name: Age, dtype: int64
0    男
1    女
2    女
3    男
Name: Sex, dtype: object
<class 'pandas.core.series.Series'>
<class 'pandas.core.series.Series'>
<class 'pandas.core.series.Series'>
```

8.2.4　使用 Pandas 进行数据预处理

Pandas 库提供了许多能进行数据预处理的方法，部分常用方法如表 8-2 所示。

表 8-2　Pandas 库中数据预处理的常用方法

方法/函数名	功能描述
pd.columns = ['a','b','c']	重命名列名
pd.isnull()	检查 DataFrame 对象中的空值，并返回一个 Boolean 数组
pd.notnull()	检查 DataFrame 对象中的非空值，并返回一个 Boolean 数组
pd.dropna(axis='index')	删除所有包含空值的行
pd.dropna(axis='columns')	删除所有包含空值的列
pd.fillna(x)	用 x 替换 DataFrame 对象中的所有空值

【例 8-6】模拟建立 pd.DataFrame 数据 df 并对其进行简单的数据清洗。清洗项目包括判断 df 中是否含有空值；对空值进行恰当的处理。代码如下：

```
import numpy as np
import pandas as pd
#建立含有列表的字典型数据data1
data = {
        "Name": [
```

```
                   "张成",
                   "李美丽",
                   "陈静",
                   "赵云",
                   "唐静"
                   ],
            "Age": [20, 25, 23,20,np.nan],
            "Sex": ["男", "女", np.nan,"男","女"]
            }

#以data1为参数建立DataFrame类型的数据对象df
df = pd.DataFrame(data)
print("显示前三行数据: \n",df.head(3))
#用head()函数显示前三行数据
print("\n显示空值判断矩阵:\n",df.isnull())
#用isnull()函数判断数据中是否存在空值
#从空值判断矩阵中发现"年龄"属性存在空值
#处理办法: 使用年龄的均值进行填充
df['Age'].fillna(df['Age'].mean(),inplace = True)
#inplace = True表示就在原数据上进行填充处理
print("\n对'年龄'属性中的空值进行处理后: \n",df)
#从空值判断矩阵中发现"性别"属性存在空值
#处理办法: 直接删除整行数据
df.dropna(axis = 'index',inplace = True)
#dropna(axis='index')删除包含空值的行
print("\n对'性别'属性中的空值进行处理后: \n",df)
```

运行结果如下所示:

```
显示前三行数据:
   Name   Age   Sex
0  张成    20.0   男
1  李美丽  25.0   女
2  陈静    23.0   NaN

显示空值判断矩阵:
      Name    Age     Sex
0  False   False   False
1  False   False   False
```

```
2 False  False   True
3 False  False  False
4 False   True  False
```

对'年龄'属性中的空值进行处理后：

```
   Name  Age  Sex
0  张成  20.0    男
1 李美丽  25.0    女
2  陈静  23.0  NaN
3  赵云  20.0    男
4  唐静  22.0    女
```

对'性别'属性中的空值进行处理后：

```
   Name  Age Sex
0  张成  20.0   男
1 李美丽  25.0   女
3  赵云  20.0   男
4  唐静  22.0   女
```

8.3 Pandas 数据分析

8.3.1 Pandas 数据分析基础

Pandas 提供查看数据、检查数据、选取数据、对数据排序、描述性统计等各种函数，以及类似于 Excel 中分类汇总的统计方法，常用函数及其功能描述如表 8-3 所示。

表8-3 常用函数及其功能描述

函数	功能描述
df.head(n)	df.head(n)
df.head(n)	查看 DataFrame 对象的前 n 行
df.tail(n)	查看 DataFrame 对象的最后 n 行
df.head(n)	df.head(n)
df.shape()	查看行数和列数
df.info()	查看索引、数据类型和内存信息
df.sort_values()	在指定轴上根据数据进行排序

（续表）

df.sum()	在列方向上计算数据的总和
df.count()	在列方向上计数
df.mean()	在列方向上求平均值
df.describe()	查看数值型列的汇总统计
df.groupby()	对数据进行分类汇总

【例8-7】使用Pandas对数据进行简单的统计分析。代码如下：

```
#使用Pandas对数据进行简单的统计分析
import numpy as np
import pandas as pd
#建立含有列表的字典型数据data
data = {
        "Name": [
            "张成",
            "李美丽",
            "陈静",
            "赵云",
            "唐静"
            ],
        "Age": [20, 25, 23,20,24],
        "Sex": ["男", "女", "女","男","女"],
    "prize": [2000,3000,2500,1500,1800],
    "team" : ["一组","二组","一组","一组","二组"]
        }
#通过data产生DataFrame型数据df
df = pd.DataFrame(data)
#利用pandas库提供的统计函数对df进行统计分析
print("\n描述性统计结果为:\n",df.describe())
print("\n按性别计数:\n",df.groupby(['Sex']).count())
print("\n按组别计数:\n",df.groupby(['team']).count())
print("\n按性别分类汇总:\n",df.groupby(['Sex']).mean())
print("\n按组别分类汇总:\n",df.groupby(['team']).mean())
```

运行结果如下：

描述性统计结果为：

	Age	prize
count	5.000000	5.000000
mean	22.400000	2160.000000
std	2.302173	594.138031
min	20.000000	1500.000000
25%	20.000000	1800.000000
50%	23.000000	2000.000000
75%	24.000000	2500.000000
max	25.000000	3000.000000

按性别计数：

	Name	Age	prize	team
Sex				
女	3	3	3	3
男	2	2	2	2

按组别计数：

	Name	Age	Sex	prize
team				
一组	3	3	3	3
二组	2	2	2	2

按性别分类汇总：

	Age	prize
Sex		
女	24.0	2433.333333
男	20.0	1750.000000

按组别分类汇总：

	Age	prize
team		
一组	21.0	2000.0
二组	24.5	2400.0

8.3.2 Pandas 数据分析实例

【实例8-5】 按性别和依托单位分别进行分类汇总。代码如下：

```
#按性别分类汇总
df1.groupby(df1["性别"])['序号'].count()
```

按性别分类汇总的运行结果如下：

```
性别
女    38
男    262
Name: 序号, dtype: int64
```

```
#按依托单位分类汇总
result1 = df1.groupby(df1["依托单位"])['序号'].count()
#print(type(result1))    #result1是Series类型的
result1.sort_values(ascending = False).head(20) #结果按降序排序，显示提名前
20的依托单位及入选榜单人数
```

按依托单位分类汇总的运行结果如下：

```
    依托单位
北京大学              22
清华大学              14
复旦大学              11
中国科学技术大学            11
中国科学院上海生命科学研究院        10
浙江大学              10
南京大学              8
北京航空航天大学             6
厦门大学              6
上海交通大学            5
南开大学              5
天津大学              5
同济大学              5
四川大学              5
华中科技大学             5
中国科学院化学研究所          4
中国科学院数学与系统科学研究院       4
东南大学              4
中山大学              4
大连理工大学             4
Name: 序号, dtype: int64
```

8.4 Python 数据可视化

8.4.1 Matplotlib 库概述

Matplotlib 是一个基于 Python 的开源 2D 绘图库，它通过各种硬拷贝格式和跨平台的交互式环境生成出版质量级别的图形，且效率极高。Matplotlib 库官网上展示的图库效果如图 8-19 所示。

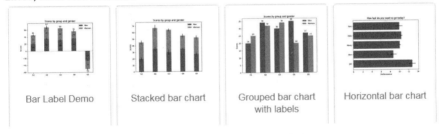

图 8-19 Matplotlib 库官网上展示的图库效果

Matplotlib 的设计原则是方便用户使用，而不会让用户因其内部复杂的类的逻辑所困扰，因此，用户仅需要几行代码，便可以绘制各种二维图形，包括直方图、功率谱、条形图、错误图、散点图等。而这一切的实现有赖于 Matplotlib 的 Pyplot 子库。Pyplot 可以看作各种绘图函数的集合，通过调用这些函数，可以完成各种功能，如创建画布（figure），在画布中创建绘图区域（area），在绘图区域中绘制一些线条，用标签（labels）装饰绘图等。Pyplot 子库的引入方式如下：

```
import numpy as np
from matplotlib import pyplot as plt
```

这里重点介绍 Pyplot 子库中的折线图绘制函数 plt.plot()。plt.plot() 函数的基本 API 如下：

```
plot(x,y,fmt)
```

参数说明如下。

x：自变量的取值，常用 numpy.arange(min,max,step) 函数在 [min,max] 的左闭右开区间上以 step 为步长值生成一系列的值。

fmt：格式控制字符串。fmt 是用单引号或双引号引起来的格式"三元组（triples）"字符串，用来指定图形的属性（标志点的形状、线形及它们的颜色），如表 8-4 所示列出了常用的"三元组"符号，三类属性各有各的符号体系，也就是说它们使用的符号是不交叉的，因此在使用时可以三个属性全部指定，也可以只指定其中某几个属性，且排列顺序是任意的，在组成格式字符串的过程中也无须使用额外的分隔符，非常清晰、简洁。例如，plt.plot(x,y,'-.or')，plt.plot(x,y,'o-.r') 或 plt.plot(x,y,'r-.o') 都是可以使用的。

表 8-4　常用图形属性字符串"三元组"符号

线型		点标记		颜色	
-	实线	.	点	y	黄色
:	虚线	o	实心圆点	m	洋红
-.	点画线	x	叉子符	c	青色
--	间断线	+	加号	r	红色
		*	星号	g	绿色
		s	方格	b	蓝色
		d	菱形	w	白色
		^	朝上三角	k	黑色
		v	朝下三角		
		>	朝右三角		
		<	朝左三角		
		p	五角星		
		h	六角星		

【例 8-8】最简单的函数图像绘制。在 [-2, 2] 区间上以 0.5 为间隔绘制函数 $y = x^2$ 的函数图像，关键点用"*"号标出。代码如下：

```
import numpy as np
import matplotlib.pyplot as plt


x = np.arange(-2, 2, 0.5)
y = x*x
plt.plot(x, y, 'b-*')
plt.show()
```

运行结果如图 8-20 所示。

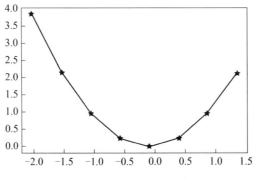

图8-20 【例8-8】函数图像

从本例中可以看出，使用 Matplotlib 库绘制一个函数图像，仅需要三个步骤就实现了，即做出 x；做出 y；调用 plt.plot()函数绘图。核心代码仅需要三句就可以了，但是这样做出来的图像太简易，缺乏应有的说明和修饰，接下来介绍一些 Pyplot 库中可以对图像和画布进行"美化"的方法/函数，如表8-5 所示。

表8-5　Pyplot 库中常用的图像"美化"方法/函数

方法/函数	功能描述
plt.lengend()	显示图例
plt.xtickets()	添加刻度
plt.grid()	显示网格
plt.savefig()	将图像保存成文件
plt.show()	显示图片
plt.xlabel()	设置图形的 x 轴名称
plt.ylabel()	设置图形的 y 轴名称
plt.axis()	设置图形 x 轴和 y 轴的显示范围
plt.subplot()	在同一画布上划分子图
plt.title()	设置图像标题
plt.text()	任意位置增加文本

【例8-9】绘制 $y = \sin x$ 的图像，并为图像加上应有的说明，代码如下：

```
import numpy as np
from matplotlib import pyplot as plt
#从matplotlib库导入其子库pyploy，并取别名为plt(业界约定)
x = np.arange(0, 2*np.pi, 0.01)
#使用np.arange()方法在[0, 2*pi]区间上以0.01为步长生成若干自变量取值
```

```
plt.plot(x, np.sin(x),'r-')
#使用plt.plot(x,y,fmt)函数绘制函数图像,其中x为自变量,y为因变量,fmt的格式输出的
"三元组"
plt.axis([0,2 * np.pi, -1 , 1])
#设定坐标轴显示范围,横轴在[0,2*pi],纵轴在[-1,1]
plt.xlabel('x 轴', fontproperties = 'SimHei', fontsize = 15)
#设定 x 轴的名称,字体为"黑体",字号为15
plt.ylabel('y 轴', fontproperties = 'SimHei', fontsize = 15)
#设定 y 轴的名称,字体为"黑体",字号为15
plt.title('y = sin(x)图像', fontproperties = 'SimHei', fontsize = 20)
#设定整个画布的标题,x 轴的名称,字体为"黑体",字号为20
plt.grid()      #显示网格
plt.show()      #显示图像
```

运行结果如图8-21所示。

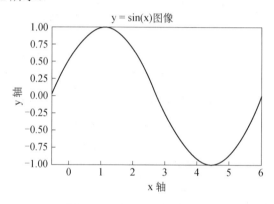

图8-21 【例8-9】函数图像

这样的图像是不是看起来"友好"多了。plt.plot()函数还支持在同一画布上画出多个不同的函数图像。

【例8-10】在同一个画布上绘制 $y = \sin x$ 和 $y = \cos x$ 两个函数在[0, 2π]上的图像。代码如下:

```
import numpy as np
from matplotlib import pyplot as plt
x = np.arange(0, 2*np.pi, 0.01)

plt.plot(x, np.sin(x),'r-',x, np.cos(x),'g--')
#使用plt.plot()方法同时绘制两个函数的图像,并将句柄分别保存于line1和line2两个变
量中
plt.axis([0, 2 * np.pi ,-1 ,1])
plt.xlabel('x 轴', fontproperties = 'SimHei', fontsize = 15)
```

```
plt.ylabel('y 轴', fontproperties = 'SimHei', fontsize = 15)
plt.title('y = sin(x)图像和 y = cos(x)' ,fontproperties = 'SimHei',
fontsize = 20)
plt.legend(['y=sin(x)','y=cos(x)'])
#分别为两个函数图像加上图例
plt.grid()
plt.show()
```

运行结果如图8-22 所示。

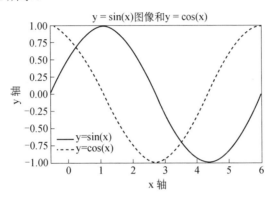

图 8-22 【例 8-10】函数图像

最后，再来介绍plt.subplot()方法，使用该方法可以将一个画布划分成不同的子图，并在各子图上绘制出不同图像。

【例8-11】在同一画布上绘制三个子图，分别显示$y=\sin 2x$，$y=\cos 2\pi x \cdot e^{-x}$ 和$y=\cos x \cdot \sin x$三个函数的图像。代码如下：

```
import numpy as np
from matplotlib import pyplot as plt
#从matplotlib库导入其子库pyploy，并取别名为plt(业界约定)
x = np.arange(0, 2*np.pi, 0.01)
#使用np.arange()方法[0，2*pi]区间上以0.01为步长成生若干自变量取值
plt.subplot(3,1,1)
#将画布分成三行一列的形式，目前定位在第一号区域
plt.plot(x, np.sin(2*x),'m-.')
#使用plt.plot(x,y,fmt)函数绘出函数y=sin(2x)图像,显示为洋红色点画线

plt.subplot(3,1,2)
#在三行一列形式的画布里，目前定位在第二号区域内画图
line1 = plt.plot(x, np.cos(2 * np.pi * x) * np.exp(-x),'g-')      #使用
plt.plot(x,y,fmt)函数绘出函数y=cos(2*pi*x)*exp(-x)的图像,显示为绿色实线
plt.legend(['y=cos(2*pi*x)*exp(-x)'])
```

```
plt.subplot(3,1,3)
#在三行一列形式的画布里，目前定位在第三号区域内画图
plt.plot(x, np.cos(x)*np.sin(x),'y--')
#使用plt.plot(x,y,fmt)函数绘出函数y=cos(x)*sin(x)的图像,显示为黄色间断线
plt.grid()        #显示网格
plt.show()        #显示图像
```

运行结果如图 8-23 所示。

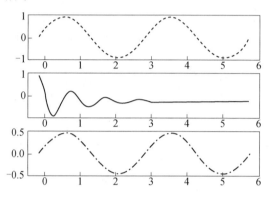

图 8-23　【例 8-11】函数图像

Pyplot 库还可以绘制诸如柱状图、条形图、饼图等图表样式，如表 8-6 所示列出了一些常用的绘图方法/函数。

表 8-6　Pyplot 库中常用的绘图方法/函数

方法/函数	功能描述
plt.bar()	绘制直方图
plt.harh()	绘制水平条形图
plt.polar()	绘制极坐标图
plt.hist()	绘制统计直方图
plt.boxplot()	绘制箱形图
plt.scatter()	绘制散点图
plt.pie()	饼图

8.4.2　Matplotlib 可视化实例

【实例 8-6】可视化【实例 8-5】中的分类汇总的结果，即选取依托单位的前十名数据，并绘制一个饼图。代码如下：

```
institute = institute.head(10)
#选取依托单位的前十名数据存入变量institute中, institute为Series型数据
plt.rcParams['font.sans-serif']=['SimHei']
#用来设置正常显示中文标签为黑体
plt.figure(dpi = 300)    #设置画布分辨率为300dpi
x = institute.values
#取出institute的数值数据部分存入变量x中
labels = list(institute.index)
#取出institute的行索引数据转换成列表类型后存入变量labels中
explode = [0.1,0,0,0,0,0,0,0,0,0]
#创建一个叫explode的列表，存入十个数。
plt.pie(x = x ,labels = labels,explode = explode, autopct='%1.1f%%')
'''
plt.pie()函数主要参数说明：
x: (每一块)的比例，如果sum(x) > 1时，会使用归一化方法；
labels: (每一块)饼图外侧显示的说明文字；
explode: (每一块)离开中心的距离；
autopct: 控制饼图内百分比设置，'%1.1f'指实数型数据，小数点后保留一位小数；
'''
```

运行结果如图8-24所示。

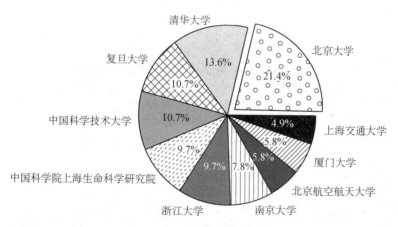

依托前十名占比图

图8-24　"实例8-6"可视化效果图

8.4.3　WordCloud 词云可视化

另一种常用于文本可视化的技术是"词云图"，它是对文本中出现频率较高的"关键词"予以视觉上强化的技术。常用的生成 Python 词云的第三方库是 WordCloud，下面介绍安装、导入和使用 WordCloud 库的方法。

1. 安装 WordCloud

如果使用的是 Python IDLE，可在 Python 的安装路径 " C:\Users\user\AppData\Local\Programs\Python\Python37-32\Scripts" 下运行 "pip install wordcloud" 命令，直接进行在线安装，如图8-25 所示。安装成功后会出现如图8-26 的提示。

说明：由于 WordCloud 库的使用依赖 Numpy 库和 Pillow 库，所以在安装 WordCloud 库时也要求安装好 Numpy 库和 Pillow 库。

如果在Anaconda 下安装WordCloud，建议先下载合适版本的whl 安装文件（见图8-27），再在本地进行离线安装。

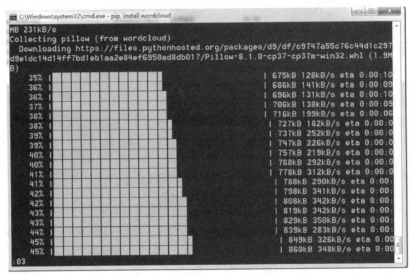

图 8-25　在 Python IDLE 下在线安装 WordCloud

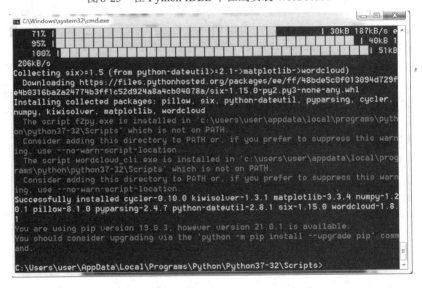

图 8-26　成功安装 WordCloud 及其基础库

Wordcloud: a little word cloud generator.
wordcloud-1.8.1-pp37-pypy37_pp73-win32.whl
wordcloud-1.8.1-cp39-cp39-win_amd64.whl
wordcloud-1.8.1-cp39-cp39-win32.whl
wordcloud-1.8.1-cp38-cp38-win_amd64.whl
wordcloud-1.8.1-cp38-cp38-win32.whl
wordcloud-1.8.1-cp37-cp37m-win_amd64.whl
wordcloud-1.8.1-cp37-cp37m-win32.whl
wordcloud-1.8.1-cp36-cp36m-win_amd64.whl
wordcloud-1.8.1-cp36-cp36m-win32.whl
wordcloud-1.6.0-cp35-cp35m-win_amd64.whl
wordcloud-1.6.0-cp35-cp35m-win32.whl
wordcloud-1.6.0-cp27-cp27m-win_amd64.whl
wordcloud-1.6.0-cp27-cp27m-win32.whl
wordcloud-1.5.0-cp34-cp34m-win_amd64.whl
wordcloud-1.5.0-cp34-cp34m-win32.whl

图 8-27　与操作系统相匹配的 WordCloud 离线 whl 安装文件

例如，本例下载安装的是"wordcloud-1.8.1-cp37-cp37m-win32.whl"，其中"cp37"代表本机使用的是 Python 3.7 版本，"win32"代表使用的操作系统是 32 位的 Windows 操作系统。安装过程如图 8-28 所示。

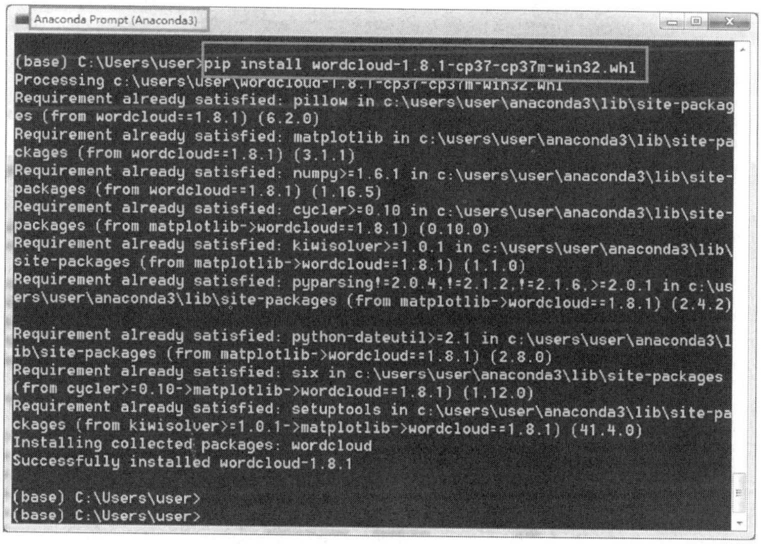

图 8-28　在 Anaconda 下使用 whl 安装文件对 WordCloud 进行安装

2. 测试 WordCloud 库是否成功安装

如何验证 WordCloud 是否安装成功了呢？以 Ananconda 为例，可以在 Anaconda 的命令行窗口 Anaconda Prompt 下输入"pip list"命令，查看所有已安装的第三方库，看是否存在 WordCloud。更直接的办法是在 Jypyter Notebook 中执行命令"from wordcloud import WordCloud"，检验是否会有报错信息出现，如果没有，则说明 WordCloud 已安装成功。这里还应注意，因为 WordCloud 只负责词云的生成，如果还要展示词云的结果或将结果保存到文件中，则还要引入 Matplotlib 库。

3. 使用 WordCloud 为英文文本生成词云

下面使用 WordCloud 为英文文本生成词云，并制作词云图。

【例8-12】英文词云图制作示例。代码如下：

```
#这是一个英文词云图的例子
%matplotlib inline
#这是一个魔术命令，可以将matplotlib产生的图像以内联的方式在 Jupyter notebook 的
"正文"中显示
#如果在 Python IDLE 下调试程序，那么这一句并不需要。
from wordcloud import WordCloud
import matplotlib.pyplot as plt
#将要做词云分析的英文文本存入变量mytext中
mytext = "This is a difficult story. A story that really told by people.
But, I believe people should all know about it."
#以mytext为参数调用WordCloud对象的generate()方法建立一个词云对象wordcloud
wordcloud = WordCloud().generate(mytext)
#以词云对象wordcloud为参数调用plt对象的imshow()方法产生词云图
plt.imshow(wordcloud)
#<matplotlib.image.AxesImage object at 0x08ACB870>
plt.axis('off')   #设置不显示坐标
plt.show()   #显示所产生的图像
```

制作效果如图8-29所示。

图8-29 【例8-12】英文词云图制作效果

4. 使用 WordCloud 为中文文本生成词云

下面使用 WordCloud 为中文文本生成词云，并制作词云图。文本内容正好是刚才英文文本的中文对应。中文词云图的制作会稍微复杂一点，因为中文文本要通过分词获得单个的词语。英文的"词"是用空格天然分割的，但中文的词却是连在一起的，中间没有明显的分隔，计算机不好辨认。这里，要引入一个可以做"分词"操作的第三方库——Jieba（"解霸"）库来帮我们解决这个问题。

Jieba 是优秀的中文分词第三方库，须额外安装，无论是使用 Python IDLE 还是使用 Anaconda，都可以在相应的命令行窗口下使用命令"pip install jieba"在线安装Jieba库，如图8-30 和图8-31 所示。

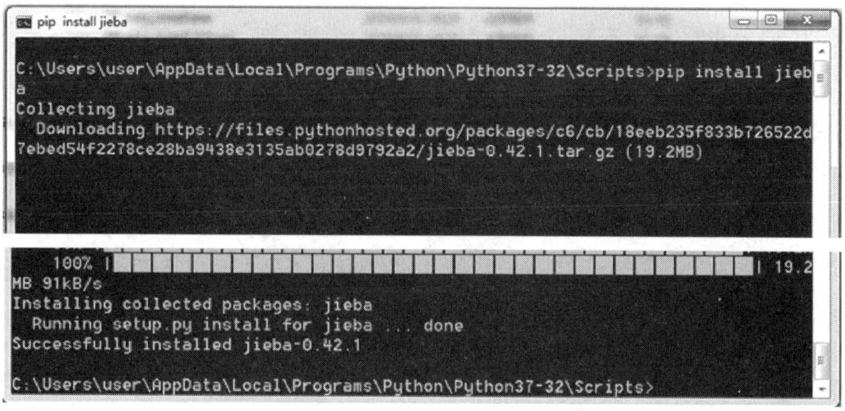

图8-30　在 Python IDLE 下成功安装 Jieba 库

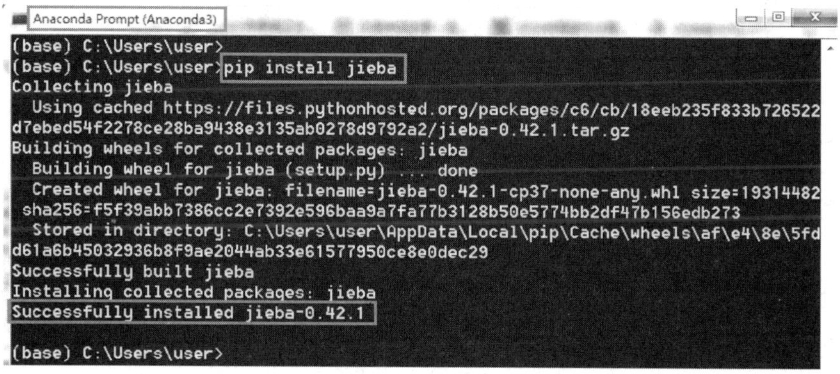

图8-31　在 Anaconda Prompt 下安装 Jieba 库

【例8-13】中文词云图制作示例。首先运行如下代码并观察结果：

```
#这是一个中文词云图的例子
from wordcloud import WordCloud
import matplotlib.pyplot as plt
import jieba  #导入jieba库
mytext = "这是一个艰难的故事。一个真正由人们讲述的故事。但是，我认为人们都应该知道这
个故事"
tmp = jieba.lcut(mytext)
#调用Jieba库的lcut()方法对mytext字符串对象进行分词，结果以列表的形式返回，存于变
量tmp中。
print(tmp)  #打印输出以查看tmp的内容与形式
```

以上这段代码的显示结果如下：

```
['这是', '一个', '艰难', '的', '故事', '。', '一个', '真正', '由', '人们', '
讲述', '的', '故事', '。', '但是', '，', '我', '认为', '人们', '都', '应该',
'知道', '这个', '故事']
```

可以看到原来的中文文本被分成了小段，每个小段就是一个词，而最终结果的形式就是由这些小的字符串构成的一个列表。这样的形式在制作词云图的过程中并不便于使用，于是我们接下来调用join ()方法，将tmp的各小串连接成一个大的、完整的字符串，并把这些小串用空格分隔，就像英文文本中词和词的间隔一样。代码如下：

```
cutText = " ".join(tmp)  #注意，这里双引号里是一个空格
cutText
```

显示结果如下：

```
'这是 一个 艰难 的 故事 。 一个 真正 由 人们 讲述 的 故事 。 但是 ， 我 认为 人们 都 应该 知道 这个 故事'
```

可见，通过这样的"数据预处理"过程，我们得到了制作词云图应满足的输入条件的字符串，下面模仿前面制作英文词云图的代码绘制一个中文词云图。代码如下：

```
#创建 WordCloud 对象 wc
wc = WordCloud(width=1000,      #设置图片宽度为1000像素
               font_path=r"C:\Windows\Fonts\stsong.ttf",
#设置图片显示所用的中文字体文件路径
               height=700,      #设置图片高度为700像素
               background_color="pink")
#设置词云图背景色为"粉红色"
#调用wc的generate对象对cutText的文本内容进行分词处理
wc.generate(cutText)
#显示词云图
plt.imshow(wc)
#<matplotlib.image.AxesImage object at 0x08ACB870>
plt.axis('off')
#(-0.5, 399.5, 199.5, -0.5)
plt.show()
#保存图片：将图片保存在D盘中，并命名为wcResult1.jpg
wordcloud.to_file(r"d:\wcResult1.jpg")
```

制作效果如图8-32所示。

结果分析：从词云图的制作效果中可以看到，有些无关紧要的词（如"的""一个""这是"等）由于出现的频率高，成了词云图的强调词，如何才能剔除这些词的影响呢？我们会在接下来的实例中为大家解决这个问题。有关WordCloud库的更多参数的使用说明，大家可以上网自行学习。

图8-32　【例8-13】中文词云图制作效果

8.4.4　WordCloud 词云可视化实例

结合我们前面从网站上获取的"2019 年国家杰出青年"数据，假设我们想从这批数据中看出在哪些领域中更容易"产生"杰出青年，或者看看 2019 年的杰出青年们大多从事哪些领域的研究，就要对"研究领域"这一列数据进行分析，计算每个领域在名单中出现的频率。词云图恰好就是这样一个非常直观、令人震撼又印象深刻的工具。下面我们来制作一个中文词云图，对排名表中的研究领域进行可视化分析，看看哪些关键词是在排名中频繁出现的。

【实例8-7】对"2019年国家杰出青年"数据中"研究领域"的相关数据进行词云分析。代码如下：

```python
#分词
mytext = fieldStr
tmp = jieba.lcut(mytext)
cutText = " ".join(tmp)
#设置不参与词频计算，也不在词云图中显示的词
stopwords = set(STOPWORDS)
stopwords.add("的")
stopwords.add("与")

wc = WordCloud(width = 1000,
          font_path = r"C:\Windows\Fonts\stsong.ttf",
          height = 700,
          background_color = "pink",
          stopwords = stopwords
          )
wc.generate(cutText)
plt.imshow(wc)
#<matplotlib.image.AxesImage object at 0x08ACB870>
```

```
plt.axis('off')
#(-0.5, 399.5, 199.5, -0.5)
plt.show()
#保存图片：默认为此代码保存的路径
wordcloud.to_file(r"d:\wcResult6.jpg")
```

制作效果如图8-33所示。

图8-33   "实例8-7"中文词云图制作效果

8.5   实例完整代码

1	#第8章 实例完整代码
2	#====================Web数据获取========================
3	import requests
4	from bs4 import BeautifulSoup
5	url = 'https://www.phb123.com/renwu/yingxiangli/*****.html'
6	r = requests.get(url = url, timeout = 40)
7	print("输出1. ",r.status_code) #输出响应码，如为200，则表示爬取成功
8	r.encoding = r.apparent_encoding
9	print("输出2. ",r.text)
10	soup = BeautifulSoup(r.text, 'html.parser') #调用 BeautifulSoup库解析 HTML 页面内容
11	print("输出3. ",soup.prettify()) #打印输出"美化"后的html代码，方便观察和分析
12	
13	#====================信息提取========================
14	tags = soup.select('.et2') #将所有类名称为"et2"的标签提取出来存入tags变量中。
15	

```
16    '''
17    新建一个列表infoList,把它设计成一个n行7列的二维表。
18    其中每一行是一个申请人的信息，包含序号，申请人，性别，
19    学位，专业技术职务，研究领域 ，依托单位7个属性。
20
21    '''
22    infoList = []     #新建名为infoList的空列表
23    count = 0       #计数器变量count清零
24    for tag in tags:  #使用for循环，遍历(逐一读取)tags中的每一个标签
25                                  #print(tag.get_text(),end='xx')        #或
      print(tag.string)
26        ctt = tag.get_text().strip()    #使用tag的get_text()方法提取标签中的
      文本,
27                                  #再使用strip()方法去除字符串首尾的多余的空白
      字符
28        #获取到的所有字段以一维线性的方式存在，以下这组if语句可以把它们组织成二维表
      格的形式
29        #即一个人的所有信息为一行
30        if count%7 == 0:           #对7取余为0的这项数据对应"序号"字段
31            num = ctt
32            count = count + 1
33                                  #print(type(num),num)
34        elif count%7 == 1:          #对7取余为1的这项数据对应"申请人"字段
35            person = ctt
36            count = count + 1
37        elif count%7 == 2:          #对7取余为2的这项数据对应"性别"字段
38            gender = ctt
39            count = count + 1
40        elif count%7 == 3:          #对7取余为3的这项数据对应"学位"字段
41            degree = ctt
42            count = count + 1
43        elif count%7 == 4:          #对7取余为4的这项数据对应"专业技术职务"字
      段
44            position = ctt
45            count = count + 1
46        elif count%7 == 5:          #对7取余为5的这项数据对应"研究领域"字段
47            field = ctt
```

```
48          count = count + 1
49      elif count%7 == 6:                    #对7取余为6的这项数据对应"依托单位"字段
50          company = ctt
51          count = count + 1
52          #将每轮循环获得的一组7个数据组合成infoList列表中的一行
53          infoList.append([num, person, gender, degree, position,
    field, company])
54
55  fmt = "{:4}\t{:10}\t{:1}\t{:4}\t{:10}\t{:20}\t{:10}"    #定义格式字符串
56  for row in infoList:                       #使用for循环按照fmt规定的格式逐行输出
    infoList表的内容
57      print("输出4. ",fmt.format(row[0],row[1],row[2],row[3],row[4],
    row[5],row[6]))
58  #======================数据预处理======================
59  import numpy as np
60  import pandas as pd
61  print("输出5. ",infoList[0])              #输出infoList的第0行内容,发现是一个包
    含表头的列表
62  #将infoList列表内容"转成"DataFrame类型,存入DataFrame实例df1中
63  df1 = pd.DataFrame(infoList,columns = infoList[0])    #利用infoList[0]
    作为columns列的信息
64  print("输出6. ",df1)
65  #观察df1,会发现数据内容中多了一行表头信息
66  print("输出7. ",type(df1))      #查看df1的类型,可以看出是DataFrame类型
67
68  #利用DataFrame类型的drop()方法删除多余的表头行
69  df1 = df1.drop(index = 0)        #index = 0说明要删除的是索引为0的那一行
70  print("输出8. ",df1)                          #输出df1,发现多余的表头行已被删除,
    行索引从1开始
71  fieldSeries = df1['研究领域']    #将"研究领域这一列"单独提取出来,形成一个
    pandas.Series数据
72  fieldStr = ",".join(str(i) for i in fieldSeries)
73  #for循环将fieldSeries中每个值逐一取出,用join方法把它们结合成一个中间用逗号
    分隔的长字符串
74  print("输出9. ",fieldStr)
75  #======================数据存储======================
76  df1.to_excel(excel_writer = r"d:\rankYouth.xlsx", sheet_name =
```

```
      "2019年国家杰出青年名单")
77
78    #===================数据读取与还原=====================
79    #利用 pandas 库的 read_excel()方法将 d:\rankYouth.xlsx 读入内存，赋给变量
      df1，并查看 df1 的类型。
80    import numpy as np
81    import pandas as pd
82    from matplotlib import pyplot as plt
83    %matplotlib inline
84    df1 = pd.read_excel(r"d:\rankYouth.xlsx")  #调用 pd.read_excel()方法读
      取 Excel 文件内容。
85    print("输出10. ",df1)
86    df1 = df1.drop(columns = 'Unnamed: 0')    #删除多余的序号列，还原成原来
      300行7列的样式
87    print("输出11. ",df1)
88
89    #===================数据分析与可视化===================
90    df1.groupby(df1["性别"])['序号'].count()
91    result1 = df1.groupby(df1["依托单位"])['序号'].count()   #按依托单位分类
      汇总
92    #print(type(result1))   #result1是 Series 类型的
93    institute = result1.sort_values(ascending = False).head(20)   #结果按
      降序排序，显示提名前20人
94    print("输出12. ",institute)
95
96    #可视化统计分析得出依托单位的前十名。
97    institute = institute.head(10)        #选取依托单位的前十个数据存入变量
      institute 中，institute 为 Series 型数据
98    plt.rcParams['font.sans-serif']=['SimHei'] #用来设置正常显示中文标签为黑
      体
99    x = institute.values  #取出 institute 的数值数据部分,并存入变量 x 中
100   labels = list(institute.index)   #取出 institute 的行索引数据转换成列表类型
      后存入变量 labels 中
101   explode = [0.1,0,0,0,0,0,0,0,0,0]   #创建 explode 参数的列表，存入十个数，
      目前将第一个块分离出来
102   plt.pie(x = x ,labels = labels,explode = explode, autopct='%1.1f%%')
103   '''
```

```
104   主要参数说明：
105   x          :(每一块)的大小，每一块在整体中的占比，数组形式；
106   labels     :可选参数，(每一块)饼图外侧显示的说明文字，列表形式；
107   explode    :可选参数，(每一块)离开中心的距离,列表形式；
108   autopct    :可选参数，控制饼图内的百分比设置,字符串形式或format function形式。
109              '%1.1f'指实数型数据,保留一位小数；
110   '''
111   plt.title("依托单位前十名占比图")
112
113   #词云图分析
114   from wordcloud import WordCloud,STOPWORDS
115   import numpy as np
116   import pandas as pd
117   import matplotlib.pyplot as plt
118   import jieba
119   %matplotlib inline
120
121   #从保存好的Excel文件中读出数据保存在df1中
122   df1 = pd.read_excel(r"d:\rankYouth.xlsx")
123   #从df1中提取出"研究领域"这一列数据存于变量fieldSeries中
124   fieldSeries = df1['研究领域']
125   #用for循环逐一读出fieldSeries中的内容,
126   #用join()函数连接成以逗号分隔的一个长字符串,并存于变量fieldStr中
127   fieldStr = ",".join(str(i) for i in fieldSeries)
128   print("输出13. ",fieldStr)
129
130   #分词
131   mytext = fieldStr
132   tmp = jieba.lcut(mytext)
133   cutText = " ".join(tmp)
134   #设置不参与词频计算，也不在词云图中显示的词
135   stopwords = set(STOPWORDS)
136   stopwords.add("的")
137   stopwords.add("与")
138
139   wc = WordCloud(width = 1000,
140                  font_path = r"C:\Windows\Fonts\stsong.ttf",
```

```
141            height = 700,
142            background_color = "pink",
143            stopwords = stopwords
144            )
145 wc.generate(cutText)
146 plt.imshow(wc)
147 #<matplotlib.image.AxesImage object at 0x08ACB870>
148 plt.axis('off')
149 #(-0.5, 399.5, 199.5, -0.5)
150 plt.show()
151 #保存图片：默认为此代码保存的路径
152 wc.to_file(r"d:\wcResult6.jpg")
```

习题 8

（1）查看你常访问的网站是否设置了 robots 协议，你能读得懂 robots.txt 中对爬虫程序有哪些规定吗？

（2）简述爬虫程序的基本工作流程。

（3）Pandas 库的两大基本数据类型 Series 和 DataFrame 有什么区别与联系？

（4）在导入 Pandas 库和 Matplotlib 库时都要同时导入什么库？

（5）简述中文词云图的产生过程。

参考文献

［1］教育部高等学校大学计算机课程教学指导委员会. 大学计算机基础课程教学基本要求［M］. 北京：高等教育出版社，2016.

［2］教育部高等学校计算机基础课程教学指导委员会. 高等学校计算机基础教学发展战略研究报告暨计算机基础课程教学基本要求［M］. 北京：高等教育出版社，2009.

［3］何钦铭，陆汉权，冯博琴. 计算机基础教学的核心任务是计算思维能力的培养——《九校联盟（C9）计算机基础教学发展战略联合声明》解读［J］. 中国大学教学，2010（09）：7-11.

［4］梁冲海. 计算机等级考试应试指南——Windows 7 & Office 2010［M］. 北京：科学出版社，2014.

［5］袁春风. 计算机组成与系统结构［M］. 北京：清华大学出版社，2015.

［6］KUROSE J F，ROSS K W. Computer Networking: A Top-Down Approach Featuring the Internet［M］. New Jersey：Addison-Wesley，2002.

［7］龚沛曾，杨志强. 大学计算机基础教学中的计算思维培养［J］. 中国大学教学，2012，（05）：51-54.

［8］陈国良，董荣胜. 计算思维与大学计算机基础教育［J］. 中国大学教学，2011（01）：6.

［9］赛贝尔资讯. Excel 数据处理与分析［M］. 北京：清华大学出版社，2015.

［10］MCKINNEY W. Python for data analysis［M］. Sebastopol：O'Reilly Media，2012.

［11］沈昌祥，张焕国，冯登国，等. 信息安全综述［J］. 中国科学（E 辑：信息科学），2007（02）：37.

［12］冯登国. 国内外密码学研究现状及发展趋势［J］. 通信学报，2002（05）：18-26.

［13］袁津生，吴砚农. 计算机网络安全基础［M］. 5 版. 北京：人民邮电出版社，2018.

［14］IDRIS I. Python 数据分析基础教程：NumPy 学习指南［M］. 张驭宇，译. 北京：人民邮电出版社，2014.

［15］魏冬梅，何忠秀，唐建梅. 基于 Python 的 Web 信息获取方法研究［J］. 软件导刊，2018，17（01）：41-43.

［16］熊畅. 基于 Python 爬虫技术的网页数据抓取与分析研究［J］. 数字技术与应用，2017（09）：35-36.

［17］VIKTOR M S，KENNETH C. 大数据时代：生活、工作与思维的大变革［M］. 周涛，译. 杭州：浙江人民出版社，2013.

［18］JIAWEI H，MICHELINE K，JIAN P，et al．数据挖掘概念与技术［M］．范明，孟小峰，译．北京：机械工业出版社，2012．

［19］周志华．机器学习［M］．北京：清华大学出版社，2016．

［20］林子雨．大数据技术原理与应用［M］．北京：人民邮电出版社，2015．

［21］周品．云时代的大数据［M］．北京：电子工业出版社，2013．

［22］嵩天，黄天羽，礼欣．Python 语言：程序设计课程教学改革的理想选择［J］．中国大学教学，2016，000（002）：42-47．

［23］嵩天，黄天羽，礼欣．程序设计基础：Python 语言［M］．北京：高等教育出版社，2014．

［24］BROOKSHEAR J G．计算机科学概论［M］．9 版．刘艺，译．人民邮电出版社，2007．